爱上数学

儿童心算能力训练

[日]水野 纯 著

钱春阳 译

U0388263

黑龙江科学技术出版社
HEILONGJIANG SCIENCE AND TECHNOLOGY PRESS

黑版贸审字：08-2021-011

图书在版编目（ＣＩＰ）数据

爱上数学. 儿童心算能力训练 /(日) 水野 纯著；
钱春阳译. -- 哈尔滨：黑龙江科学技术出版社, 2021.6
ISBN 978-7-5719-0947-5

Ⅰ. ①爱… Ⅱ. ①水… ②钱… Ⅲ. ①数学－儿童读
物 Ⅳ. ①O1-49

中国版本图书馆 CIP 数据核字(2021)第 084752 号

ANZAN NO KOTSU GA 6 JIKAN DE MINITSUKU HON
Copyright © 2012 by Jun MIZUNO
First original Japanese edition published by PHP Institute, Inc., Japan.
Simplified Chinese translation rights arranged with PHP Institute, Inc.
through Shanghai To-Asia Culture Co.. Ltd.

爱上数学 儿童心算能力训练
AI SHANG SHUXUE ERTONG XINSUAN NENGLI XUNLIAN
[日]水野 纯 著 钱春阳 译

选题策划 张 凤
责任编辑 张 凤 焦 琰 马远洋
出 版 黑龙江科学技术出版社
地 址 哈尔滨市南岗区公安街 70-2 号
邮 编 150007
电 话 （0451）53642106
传 真 （0451）53642143
网 址 www.lkcbs.cn
发 行 全国新华书店
印 刷 哈尔滨市石桥印务有限公司
开 本 880 mm×1230 mm 1/32
印 张 4.125
字 数 95 千字
版 次 2021 年 6 月第 1 版
印 次 2021 年 6 月第 1 次印刷
书 号 ISBN 978-7-5719-0947-5
定 价 36.80 元

前言

快乐答题，快速解题!

只要掌握诀窍就能立刻说出答案的"心算技巧"!

使用"九九乘法口诀"的国家的人，通常被认为要比不使用"九九乘法口诀"的国家的人拥有更强的计算能力。除了"九九乘法口诀"之外，还有很多正如本书介绍的只要1秒钟就能得出答案的、魔术般的心算技巧。这些心算技巧会让孩子们欢呼雀跃，令大人们惊讶不已。对我们来说，这是一个一个易掌握的心算技巧，或许就是孩子爱上数字的机会。

但是学校教育中并没有体系性的心算技巧课程。学校所要求的计算，重视的并非是让学生想方设法开动脑筋去解题，而是按步骤在纸上答题。这样一来，对于讨厌数学的人来说，计算往往给人留下很难、很麻烦、不轻松的印象。

在这样的环境下，数学甚至理科教育的重要性越来越凸显。逻辑思维方式固然非常重要，但是计算能力的基础性作用也不容忽视。这种计算能力的培养，不应仅仅依赖于"九九乘法口诀"这一个途径，尝试引入计算方法更加自由、更富有创造性的心算技巧也不失为一个好办法。

本书是关于心算技巧的教科书，从小学生到成年人都可以使用。只要是能称得上心算技巧的知识，本书都有介绍。并且，本书只选择其中便于实际操作的内容，按照难度分类，利用示意图简单明了地加以解说，非常便于读者阅读。

本书所介绍的心算技巧，对于学校里数学以及理科的计算大有裨益。在工作中，高超的计算能力无疑会成为提高效率的利器。同时生活中涉及购物以及利息的计算、家庭收支管理等用到数字的场合，心算技巧也可以发挥作用。

另外，这些技巧就像"九九乘法口诀"一样，可以在大脑中自然浮现帮助我们计算，所以请大家积极利用这些技巧。希望大家能体会到数学计算的乐趣，这也是本书的宗旨所在。

水野 纯

本书使用方法

孩子和大人可以一起进行"心算",活用"心算技巧",随时随地乐在其中!
在学校可以学到"九九乘法口诀",但是学不到"心算"的相关技巧。作为
教科书式的"心算"读物,希望大家能好好利用。

· 本书按计算答案所需时间分为"1秒、3秒、5秒",以此表示难度。

· 弄清楚每一个步骤,直到最终算出答案。

· 遇到难度大的心算技巧要做好笔记,反复练习直到掌握为止。

· 享受心算技巧带来的成就感:不用借助纸笔就能说出答案。

· 生活中也要活学活用,进一步提高心算能力。

关于页面构成

这部分是关于"心算技巧"的介绍。熟记"九九乘法口诀"是计算的基础。同样,要想学好心算,也需要掌握"心算技巧"

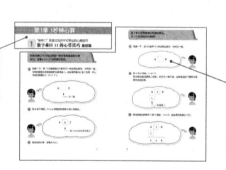

这部分显示的是大脑在进行计算时的顺序。"心算"其实是将数字具现化,有助于激活右脑

这部分是介绍不可思议的心算技巧背后的原理。解说文字简洁易懂,孩子们也能看明白

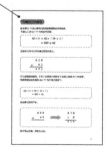

这部分的练习要求将答案写在纸上。通过反复练习就能掌握心算技巧,如果遇到自己不擅长的"技巧",记得做好笔记

目录

第 3 章 5 秒钟心算

第 4 章 二位数相乘的心算

第1章 1秒钟心算

1 "推开门"答案立现的不可思议的心算技巧
数字乘以 11 的心算技巧 基础篇

> 当数字乘以 11 时可以用到一种非常有意思的心算
> 技巧。这里以 62×11 为例进行说明。

1 想象一下，把 11 的被乘数 62 像开门一样往两边移开，中间空一格。空格的数量为该被乘数的位数减去 1。此处被乘数 62 是二位数，所以空格的数量为 2-1=1（个）。

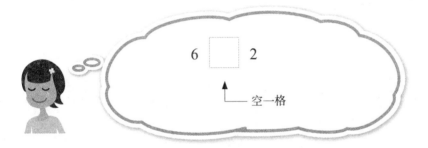

2 将 6 和 2 相加。6+2=8 将相加的结果 8 填入空格处。

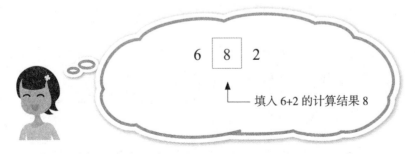

3 由此完成计算。答案为 682。

1

接下来介绍需要进位处理的情况。
49 × 11 应该如何计算呢?

① 想象一下，把 49 像开门一样往两边移开，中间空一格。

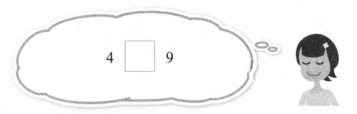

② 将 4 和 9 相加。4+9=13
因为相加的结果是二位数，仅仅空一格不够。这种情况如下图所示需要作进位处理。

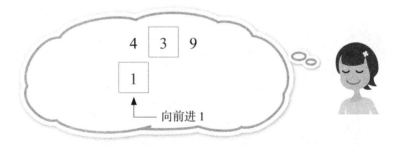

③ 将向前进位的数字 1 和 4 相加，1+4=5，由此得出答案为 539。

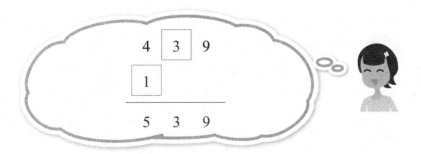

心算技巧的原理

数字乘以 11 的心算技巧背后的原理其实非常简单。

下面以上述 62×11 为例进行说明。

$$62 \times 11 = 62 \times (10 + 1)$$
$$= 620 + 62$$

这里将 620+62 的计算过程写在纸上。

```
      6 2 0
  +     6 2
  ─────────
      6 8 2
```

可以很清楚地看到，6 和 2 之间填入的数字 8 实际上就是 6+2 的结果。

同样需要进位处理的 49×11 的计算过程如下。

$$49 \times 11 = 49 \times (10 + 1)$$
$$= 490 + 49$$

将计算过程写下来，

```
      4 9 0              4 3 0
  +     4 9                1 9
  ─────────          ─────────
                        5 3 9
```

即可得出答案。答案为 539。

① 27 × 11

② 50 × 11

③ 91 × 11

④ 44 × 11

⑤ 96 × 11

⑥ 11 × 11

⑦ 67 × 11

⑧ 79 × 11

⑨ 34 × 11

⑩ 83 × 11

⑪ 59 × 11

⑫ 65 × 11

⑬ 76 × 11

⑭ 87 × 11

⑮ 49 × 11

⑯ 35 × 11

答案见下一页

休息片刻

"返还 40% 的积分"和"价格优惠 30%",哪一种更实惠呢?

假设在实行"返还 40% 的积分"优惠活动的店里购买 10 000 元的商品,可以获得 4 000 元的积分奖励。那么算上积分部分实际上可以用 10 000 元购买到 14 000 元的商品。

如果购买价格同为 14 000 元的商品,以"价格优惠 30%"计算的话,实际到手价格为 14 000 × 0.7=9 800 元。由此可见这种方式更加划算。希望大家不要被表面的数字所误导。

2 将减法变成加法的心算技巧
减法的心算技巧

下面介绍的心算技巧，可以将需要借位的减法运算转换为简单的加法运算。首先以 92−7 为例进行说明。

1 像 92−7 这样个位上的数相减需要借位的时候，先求减数（此处为 7）相对于 10 的补数（原数和补数相加等于 10，此处 7 和 3 相加等于 10，所以补数为 3），再和被减数（此处为 2）进行加法运算。2+3=5

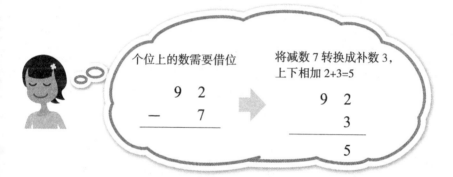

2 因为个位向十位借了 1，所以十位上的数需要减去 1。9−1=8
因此答案为 85。

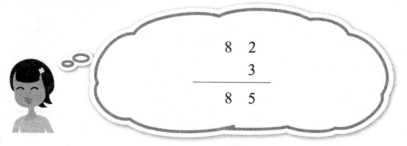

接下来，让我们试着计算 634–378。

① 因为计算个位上的数时需要借位，所以先找出减数 8 相对于 10 的补数 2，
再加上被减数 4。4+2=6

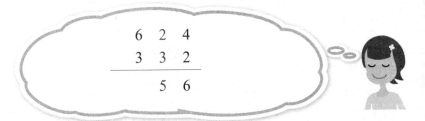

个位上的数需要借位

将减数 8 转换成补数 2，
上下相加 4+2=6

```
  6  3  4
-  3  7  8
```

```
  6  3  4
  3  7  2
_____
           6
```

② 因为个位向十位借了 1，所以十位上的数需要减去 1。3–1=2 接下来，计
算十位上的数时也需要借位，所以找出减数 7 相对于 10 的补数 3，再上
下相加。2+3=5

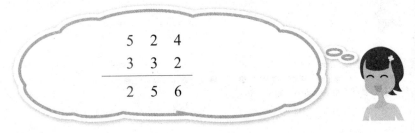

```
  6  2  4
  3  3  2
_____
     5  6
```

③ 因为十位向百位借了 1，所以百位上的数需要减去 1。6–1=5 最后对百位
上的数进行减法运算。5–3=2 因此答案为 256。

```
  5  2  4
  3  3  2
_____
  2  5  6
```

1　因为计算个位上的数时需要借位,所以先找出减数 9 相对于 10 的补数 1,
　　再加上被减数 6。6+1=7

个位上的数需要借位

$$
\begin{array}{r}
4\ 0\ 6 \\
-\ \ \ \ 7\ 9 \\
\hline
\end{array}
$$

将减数 9 转换成补数 1,
上下相加 6+1=7

$$
\begin{array}{r}
4\ 0\ 6 \\
7\ 1 \\
\hline
7
\end{array}
$$

2　因为个位向十位借了 1,所以十位上的数需要减去 1。由于十位上的数字
　　为 0,所以先将 0 转换成 9,然后将百位上的数减去 1。4-1=3 之后不需
　　要借位,将十位上的数上下相减就完成计算了。9-7=2 因此答案为 327。

$$
\begin{array}{r}
3\ 9\ 6 \\
7\ 1 \\
\hline
3\ 2\ 7
\end{array}
$$

心算技巧的原理

在最开始出现的 92-7 这道题中,转换成 2+3 加法运
算,原理如下列计算过程所示。

$$
\begin{aligned}
92 - 7 &= 90 + 2 - 7 \\
&= 80 + 10 + 2 - 7 \\
&= 80 + 2 + (10 - 7) \\
&= 80 + 2 + 3
\end{aligned}
$$

计算过程中出现的(10-
7)正是求 7 相对于 10
的补数"3"。你发现了
吗?

心算练习

练一练，试着 1 秒钟说出答案。

①
```
    3  4
−      8
_____
```

②
```
    5  1
−      6
_____
```

③
```
    8  0
−      9
_____
```

④
```
    4  6
−   1  7
_____
```

⑤
```
    6  7
−   2  9
_____
```

⑥
```
  3  2  1
−    3  4
_____
```

⑦
```
  4  5  2
−    8  7
_____
```

⑧
```
  5  1  6
−    2  9
_____
```

⑨
```
  6  3  3
−    3  6
_____
```

⑩
```
  7  4  5
−    6  8
_____
```

⑪
```
  6  0  4
−    8  5
_____
```

⑫
```
  2  0  1
−    4  2
_____
```

答案见下一页

3 将乘法变成简单的减法的心算技巧
数字乘以 9 的心算技巧 基础篇

提到"两数相加等于 10",很容易想到像 2 和 8、3 和 7、4 和 6 这样的数。这里我们介绍是二位数和 9 相乘时,利用"两数相加等于 10"的规律,将其转换为简单的减法运算的心算技巧。首先以 57×9 为例进行说明。

1 先求出二位数个位上的数(此处为 7)相对于 10 的补数(原数和补数相加等于 10,此处 7 和 3 相加等于 10,所以其补数为 3)。该补数即为乘法运算结果个位上的数。

二位数个位上的数为 7,其补数 3 正好是乘法运算结果个位上的数。

$$
\begin{array}{r}
5\ 7 \\
\times\ \ \ 9 \\
\hline
3
\end{array}
$$

2 以比十位上的数大 1 的数(此处十位上的数为 5,比其大 1 的数为 6)作为减数、以该二位数为被减数进行减法运算。57-6=51
该数即为最终答案前两位上的数。

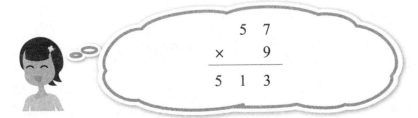

$$
\begin{array}{r}
5\ 7 \\
\times\ \ \ 9 \\
\hline
5\ 1\ 3
\end{array}
$$

3 答案为 513。

第 8 页答案
❶ 26 ❷ 45 ❸ 71 ❹ 29 ❺ 38 ❻ 287 ❼ 365 ❽ 487 ❾ 597 ❿ 677 ⓫ 519 ⓬ 159

9

接下来，我们试着计算 62×9。

1 先求出二位数个位上的数（此处为 2）相对于 10 的补数（此处 2 和 8 相加等于 10，所以补数为 8）。该补数即为乘法运算结果个位上的数。

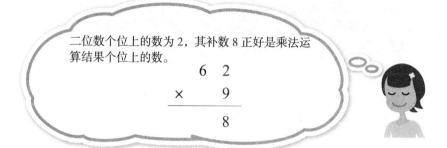

> 二位数个位上的数为 2，其补数 8 正好是乘法运算结果个位上的数。
>
> 　　6　2
> ×　　　9
> ────────
> 　　　　8

2 以比十位上的数大 1 的数（此处十位上的数为 6，比其大 1 的数为 7）作为减数、以该二位数为被减数进行减法运算。62-7=55
该数即为最终答案前两位上的数。

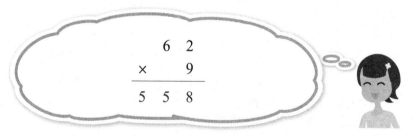

> 　　6　2
> ×　　　9
> ────────
> 　5　5　8

3 答案为 558。

* 如上所示，数字乘以 9，其结果个位上的数必定是和 9 相乘的数（和 9 相乘的数个位上的数）相对于 10 的补数。

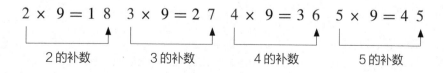

$2 × 9 = 18$　　$3 × 9 = 27$　　$4 × 9 = 36$　　$5 × 9 = 45$

2 的补数　　　　3 的补数　　　　4 的补数　　　　5 的补数

心算技巧的原理

以 57×9 为例，了解一下背后的计算原理。

$$57 \times 9 = 57 \times (10 - 1)$$
$$= 570 - 57$$
$$= 570 - (60 - 3) \quad \longleftarrow \text{个位上的数 7 相对于 10 的补数 3 出场}$$
$$= 570 - 60 + 3$$
$$= 10 \times (57 - 6) + 3 \quad \longleftarrow \text{57-6 出场}$$
$$= 10 \times 51 + 3 \quad \longleftarrow \text{最终答案前两位上的数 51 出场}$$
$$= 513$$

计算过程的文字说明如下。

设二位数十位上的数设为 a，个位上的数为 b，如此该二位数可以用 $10a+b$ 来表示。该数和 9 相乘的算式如下。

$$(10a + b) \times 9$$
$$= (10a + b) \times (10 - 1)$$
$$= 10(10a + b) - (10a + b)$$
$$= 10(10a + b) - \{10(a + 1) - (10 - b)\}$$

个位上的数 b 相对于 10 的补数 10−b 出场

$$= 10(10a + b) - 10(a + 1) + (10 - b)$$
$$= 10\{(10a + b) - (a + 1)\} + (10 - b)$$

比二位数 $10a+b$ 十位上的数 a 大 1 的数是 $a+1$，此处是以其为减数的运算。再将运算结果乘以 10 即表示最终结果前两位上的数。$10-b$ 为最终结果后一位上的数。

心算训练

练一练，试着1秒钟说出答案。

①
$$\begin{array}{r} 1\ 3 \\ \times\quad 9 \\ \hline \end{array}$$

②
$$\begin{array}{r} 3\ 8 \\ \times\quad 9 \\ \hline \end{array}$$

③
$$\begin{array}{r} 7\ 9 \\ \times\quad 9 \\ \hline \end{array}$$

④
$$\begin{array}{r} 5\ 6 \\ \times\quad 9 \\ \hline \end{array}$$

⑤
$$\begin{array}{r} 2\ 5 \\ \times\quad 9 \\ \hline \end{array}$$

⑥
$$\begin{array}{r} 4\ 9 \\ \times\quad 9 \\ \hline \end{array}$$

⑦
$$\begin{array}{r} 8\ 4 \\ \times\quad 9 \\ \hline \end{array}$$

⑧
$$\begin{array}{r} 6\ 3 \\ \times\quad 9 \\ \hline \end{array}$$

⑨
$$\begin{array}{r} 7\ 2 \\ \times\quad 9 \\ \hline \end{array}$$

⑩
$$\begin{array}{r} 9\ 7 \\ \times\quad 9 \\ \hline \end{array}$$

⑪
$$\begin{array}{r} 8\ 6 \\ \times\quad 9 \\ \hline \end{array}$$

⑫
$$\begin{array}{r} 4\ 2 \\ \times\quad 9 \\ \hline \end{array}$$

答案见下一页

4 个位上的数字之和为 10 时，两数相乘的心算技巧 基础篇

十位上的数相同时，把个位数上的数加起来试一试

碰到像 83×87 这样，个位上的数字之和为 10（此处 3+7=10），且十位上的数相同（此处为 8）的两个二位数相乘时，利用下面介绍的心算技巧可以瞬间求出这两个数相乘的结果。

① 先在脑海中列出 83 和 87 相乘的竖式，然后想象竖式中有如下图所示的 2 处空格。

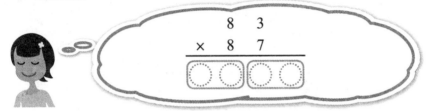

② 将（十位上的数）×（比十位上的数大 1 的数）的计算结果填在左下方的空格中，注意数字挨着右侧填写。8×9=72

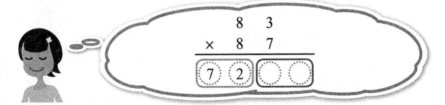

③ 将个位上的数相乘的结果填在右下方的空格中，注意数字挨着右侧填写。3×7=21 因此答案为 7221。

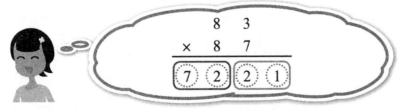

15^2、25^2、35^2 分别表示 15×15、25×25、35×35，像这样个位上的数相加等于 10、十位上的数相同的两数相乘的计算，也可以使用这种心算技巧。比如 25×25。

1 先在脑海中列出 25 和 25 相乘的竖式，然后想象竖式中有如下图所示的 2 处空格。

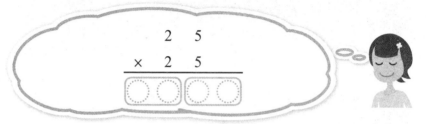

2 将（十位上的数）×（比十位上的数大 1 的数）的计算结果填在左下方的空格中，注意数字挨着右侧填写。$2 \times 3=6$ 注意当该步骤的计算结果为一位数时，将其挨着右侧填写。

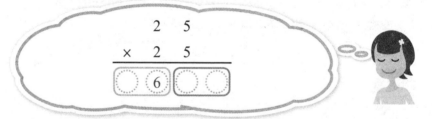

3 将个位上的数相乘的计算结果填在右下方的空格中，注意数字挨着右侧填写。$5 \times 5=25$

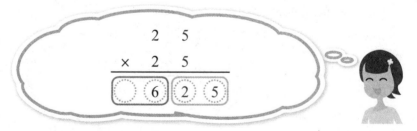

4 答案为 625。

心算技巧的原理

以 83 × 87 为例，了解一下背后的计算原理。

$$83 \times 87 = (80 + 3) \times (80 + 7)$$
$$= 80 \times 80 + 80 \times 7 + 80 \times 3 + 3 \times 7 \quad \longleftarrow$$

个位上的数相乘

$$= 80 \times (80 + 7 + 3) + 3 \times 7$$
$$= 80 \times 90 + 3 \times 7$$
$$= 8 \times 9 \times 100 + 3 \times 7$$

（十位上的数）×（比十位上的数大 1 的数）

$$= 72 \times 100 + 21 \quad \longleftarrow$$ 计算结果的前两位数 72、后两位数 21 出场

$$= 7221$$

计算过程的文字说明如下。

设其中一个二位数十位上的数为 a、个位上的数为 b，则另一个二位数十位上的数则同为 a、其个位上的数设为 c，如此这两个二位数可以分别用 $10a+b$、$10a+c$ 来表示。（因为个位上的数相加之和为 10，所以 $b+c=10$）

这两个二位数相乘的算式如下。

$$(10a + b) \times (10a + c)$$
$$= 100a^2 + 10ac + 10ab + bc$$
$$= 100a^2 + 10a(b + c) + bc$$
$$= 100a^2 + 100a + bc \quad \longleftarrow$$ 代入 $b+c=10$
$$= a(a + 1) \times 100 + bc$$

$a(a+1) \times 100$ 正是（十位上的数）×（比十位上的数大 1 的数）的计算结果所表达的前两位数的含义，而 bc 正是结果的后两位数。

练一练，试着 1 秒钟说出答案。

①
```
      3   2
  ×   3   8
```

②
```
      6   1
  ×   6   9
```

③
```
      8   6
  ×   8   4
```

④
```
      2   7
  ×   2   3
```

⑤
```
      7   8
  ×   7   2
```

⑥
```
      1   4
  ×   1   6
```

⑦
```
      6   5
  ×   6   5
```

⑧
```
      7   5
  ×   7   5
```

⑨
```
      8   5
  ×   8   5
```

⑩
```
      1   5
  ×   1   5
```

⑪
```
      9   5
  ×   9   5
```

⑫
```
      5   5
  ×   5   5
```

答案见下一页

5

个位上的数相同时，把十位上的数加起来试一试

十位上的数字之和为 10 时，两数相乘的心算技巧

碰到像 74 × 34 这样，两个二位数十位上的数字之和为 10（此处 3+7=10），且个位上的数相同（此处为 4）的两个二位数相乘时，利用下面介绍的心算技巧可以瞬间求出这两个数相乘的结果。

① 先在脑海中列出 74 和 34 相乘的竖式，然后想象竖式中有如下图所示的 2 处空格。

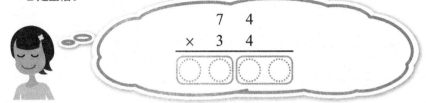

② 将十位上的数（此处为 7 和 3）相乘，再加上个位上的数（此处为 4）。7×3+4=21+4=25 将该计算结果填在左下方的空格中，注意数字挨着右侧填写。

③ 将个位上的数相乘的计算结果填在右下方的空格中，注意数字挨着右侧填写。4×4=16 因此答案为 2516。

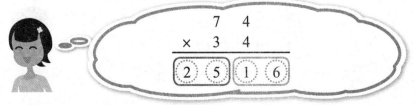

第 16 页答案
①1216 ②4209 ③7224 ④621 ⑤5616 ⑥224 ⑦4225 ⑧5625 ⑨7225 ⑩225 ⑪9025 ⑫3025

17

为了确保准确，下面以 83×23 的计算为例，再次验证一下该心算技巧。

1 先在脑海中列出 83×23 的竖式，然后想象竖式中有如下图所示的 2 处空格。

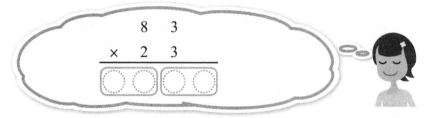

2 将十位上的数（此处为 8 和 2）相乘，再加上个位上的数（此处为 3）。
8×2+3=16+3=19 将该计算结果填在左下方的空格中，注意数字挨着右侧填写。

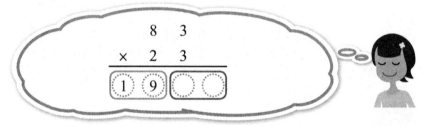

3 将个位上的数相乘的计算结果填在右下处的空格中，注意数字挨着右侧填写。3×3=9 因为 9 是一位数，注意数字挨着右侧填写，并且补出 0 写成 09。

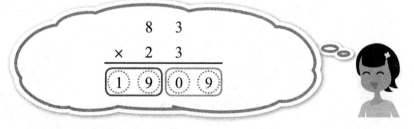

4 答案为 1909。

18

心算技巧的原理

以 74×34 为例，了解一下背后的计算原理。

$$74 \times 34 = (70 + 4) \times (30 + 4)$$
$$= 70 \times 30 + 70 \times 4 + 30 \times 4 + 4 \times 4$$

个位上的数相乘 ⟶

$$= 7 \times 3 \times 100 + 4 \times (70 + 30) + 4 \times 4$$
$$= (7 \times 3 + 4) \times 100 + 4 \times 4$$

十位上的数相乘，再加上个位上的数

$$= 25 \times 100 + 16$$
$$= 2516 \quad \longleftarrow \text{计算结果的前两位数 25、后两位数 16 出场}$$

计算过程的文字说明如下。

设其中一个二位数十位上的数设为 a、个位上的数为 b，设另一个二位数十位上的数为 c、其个位上的数则同为 b，如此这两个二位数可以分别用 $10a+b$、$10c+b$ 来表示。（因为十位上的数相加等于 10，所以 $a+c=10$。）

这两个二位数相乘的算式如下。

$$(10a + b) \times (10c + b)$$
$$= 100ac + 10ab + 10bc + b^2$$
$$= 100ac + 10b(a + c) + b^2$$
$$= 100ac + 100b + b^2 \quad \longleftarrow \text{代入 } a+c=10$$
$$= (ac + b) \times 100 + b^2$$

$(ac+b) \times 100$ 正是将十位上的数相乘再与个位上的数相加的计算结果所表达的前两位数的含义，而 b^2 正是计算结果的后两位数。

练一练，试着 1 秒钟说出答案。

①
$$\begin{array}{r} 1\ \ 6 \\ \times\ \ 9\ \ 6 \\ \hline \end{array}$$

②
$$\begin{array}{r} 6\ \ 9 \\ \times\ \ 4\ \ 9 \\ \hline \end{array}$$

③
$$\begin{array}{r} 5\ \ 8 \\ \times\ \ 5\ \ 8 \\ \hline \end{array}$$

④
$$\begin{array}{r} 2\ \ 7 \\ \times\ \ 8\ \ 7 \\ \hline \end{array}$$

⑤
$$\begin{array}{r} 4\ \ 2 \\ \times\ \ 6\ \ 2 \\ \hline \end{array}$$

⑥
$$\begin{array}{r} 3\ \ 1 \\ \times\ \ 7\ \ 1 \\ \hline \end{array}$$

⑦
$$\begin{array}{r} 9\ \ 5 \\ \times\ \ 1\ \ 5 \\ \hline \end{array}$$

⑧
$$\begin{array}{r} 3\ \ 3 \\ \times\ \ 7\ \ 3 \\ \hline \end{array}$$

⑨
$$\begin{array}{r} 8\ \ 4 \\ \times\ \ 2\ \ 4 \\ \hline \end{array}$$

⑩
$$\begin{array}{r} 5\ \ 6 \\ \times\ \ 5\ \ 6 \\ \hline \end{array}$$

⑪
$$\begin{array}{r} 7\ \ 9 \\ \times\ \ 3\ \ 9 \\ \hline \end{array}$$

⑫
$$\begin{array}{r} 1\ \ 8 \\ \times\ \ 9\ \ 8 \\ \hline \end{array}$$

答案见下一页

6

当乘数各个数位上的数都是 9 时，减法更合适

数字乘以 99、999、9999 的心算技巧

46×99 中的 99 是由 9 连续构成的数。下面介绍的心算技巧即适用于这类数与比其小的数相乘的情况。

1 先在脑海中列出 46 和 99 相乘的竖式，然后想象竖式中有如下图所示的 2 处空格。注意右下方的空格表示的位数必须和 99 的位数一致，即表示二位数。

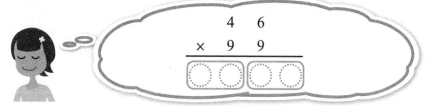

2 将和 99 相乘的数（此处为 46）减去 1 之后得出的结果填入左下方的空格中，注意数字挨着右侧填写。46-1=45

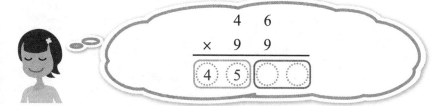

3 将 99 减去左下方的空格中的数（此处为 **45**）后得出的结果填入右下方的空格中，注意数字挨着右侧填写。99-45=54

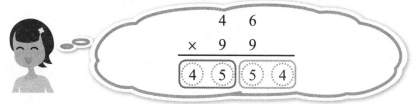

4 答案为 4554。

第 20 页答案

❶ 1536 ❷ 3381 ❸ 3364 ❹ 2349 ❺ 2604 ❻ 2201 ❼ 1425 ❽ 2409 ❾ 2016 ❿ 3136 ⓫ 3081 ⓬ 1764

不管数字由几个 9 构成，解题方法都相同。注意右下方的空格表示的位数必须和由 9 连续构成的数的位数一致。下面以 958×999 为例，再次验证一下该心算技巧。

1 先在脑海中列出 958 和 999 相乘的竖式，然后想象竖式中有如下图所示的 2 处空格。注意右下方的空格表示的位数必须和 999 的位数一致。

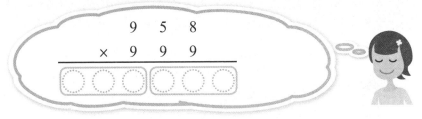

2 将和 999 相乘的数（此处为 958）减去 1 之后得出的结果填入左下方的空格中，注意数字挨着右侧填写。958-1=957

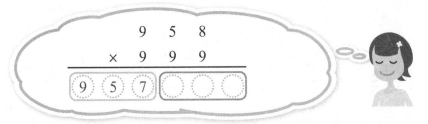

3 将 999 减去左下方的空格中的数（此处为 957）后得出的结果填入右下方的空格中，注意数字挨着右侧填写。999-957=42 将 42 这个二位数填入右下处的空格中，注意数字挨着右侧填写，并且补出 0 写成 042。

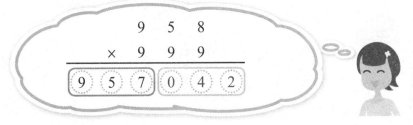

4 答案为 957042。

心算技巧的原理

以 46×99 为例，了解一下背后的计算原理。

$$46 \times 99 = 46 \times (100 - 1)$$
$$= 46 \times 100 - 46$$
$$= 4600 - 46$$
$$= 4500 + 100 - 46$$
$$= 4500 + 99 + 1 - 46$$
$$= 45 \times 100 + 99 - 45$$

99 减去最终结果前两位上的数的
计算结果为最终答案后两位上的数

和 99 相乘的数减去 1 的计算结果为最终答案前两位
上的数

$$= 4554$$

计算过程的文字说明如下。

将和 99 相乘的数设为 a，a 和 99 相乘的计算过程如下。

$$a \times 99 = a \times (100 - 1)$$
$$= a \times 100 - a$$
$$= (a - 1 + 1) \times 100 - a$$
$$= (a - 1) \times 100 + 100 - a$$

和 99 相乘的数 a 减去 1 的计算结果为最终答案前
两位上的数

$$= (a - 1) \times 100 + 99 + 1 - a$$
$$= (a - 1) \times 100 + 99 - (a - 1)$$

99 减去最终答案前两位上的数 a–1 得出的结果为最终答案后两位上的数

心算练习

练一练，试着1秒钟说出答案。

① 　7　2
　×　9　9
　◯◯　◯◯

② 　　4　7
　×　9　9
　◯◯　◯◯

③ 　3　1
　×　9　9

④ 　　9　3
　×　9　9

⑤ 　　6　9
　×　9　9　9
　◯◯◯　◯◯◯

⑥ 　　8　5
　×　9　9　9
　◯◯◯　◯◯◯

⑦ 　9　2　0
　×　9　9　9

⑧ 　　1　0　1
　×　9　9　9

⑨ 　　2　6　4
　×　9　9　9　9
　◯◯◯　◯◯◯

⑩ 　　5　9　3
　×　9　9　9　9
　◯◯◯　◯◯◯

⑪ 　1　9　9　9
　×　9　9　9　9

⑫ 　　2　0　1　2
　×　9　9　9　9

答案见下一页

24

7 数字乘以 5 的心算技巧

"数字乘以 5"时，将该数字"除以 2"

请大家想一想，46 的一半（即除以 2）是多少？没错，答案是 23。这也许是生活中的经验，我们很容易求出一个数的一半是多少。其实当一个数和 5 相乘时，也可以利用这个技巧。下面就以 46×5 为例进行说明。

① 先把和 5 相乘的数 46 变为原来的一半（即除以 2）。

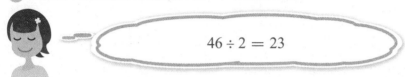

$$46 \div 2 = 23$$

② 将步骤①中计算出来的数乘以 10 就是本题的答案了。答案为 230。

$$23 \times 10 = 230$$

利用这个心算技巧，在碰到数字和 50 或 0.05 相乘时，也能很容易计算出答案来。比如 340×50。

① 因为 340×50=340×5×10，所以可以利用上文介绍的"数字乘以 5 的心算技巧"进行计算。先将 340 变为原来的一半，即 340÷2=170，然后乘以 10，即 170×10=1700。

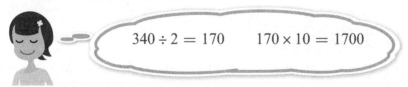

$$340 \div 2 = 170 \qquad 170 \times 10 = 1700$$

② 将步骤①中计算的结果乘以 10，即 1700×10=17000 所以答案为 17000。

第 24 页答案
❶ 7128　❷ 4653　❸ 3069　❹ 9207　❺ 68931　❻ 84915　❼ 919080　❽ 100899　❾ 2639736　❿ 5929407　⓫ 19988001　⓬ 20117988

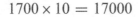

$$1700 \times 10 = 17000$$

2680 × 0.05 该如何计算呢

1 因为 2680×0.05=2680×5÷100，所以可以利用上文介绍的"数字乘以 5 的心算技巧"进行计算。先将 2680 变为原来的一半，即 2680÷2=1340，然后乘以 10，即 1340×10=13400。

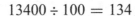

$$2680 \div 2 = 1340 \qquad 1340 \times 10 = 13400$$

2 将步骤中计算的结果除以 100，即 13400÷100=134 所以答案为 134。

$$13400 \div 100 = 134$$

* 因为 $0.5 = \dfrac{1}{2}$ ，所以计算一个数乘以 0.5 的更简单的方法是求这个数的一半。比如要计算 852×0.5，只需要将 852 变为原来的一半，即计算 852÷2=426 就可以了。

$$852 \div 2 = 426$$

心算技巧的原理

下面以 46×5 为例，解释一下"数字乘以 5 的心算技巧"的计算原理。

$$
\begin{aligned}
46 \times 5 &= 46 \times \frac{10}{2} \\
&= 46 \times 10 \div 2 \\
&= 46 \div 2 \times 10
\end{aligned}
$$

← 将和 5 相乘的数变为原来的一半，然后乘以 10

练一练，试着 1 秒钟说出答案。

① 58 × 5

② 96 × 5

③ 74 × 5

④ 62 × 5

⑤ 408 × 5

⑥ 156 × 5

⑦ 24 × 50

⑧ 86 × 50

⑨ 360 × 50

⑩ 786 × 50

⑪ 962 × 0.5

⑫ 1192 × 0.5

⑬ 2700 × 0.05

⑭ 6400 × 0.05

答案见下一页

休息片刻

比萨的哪种尺寸最划算？

现代非常喜欢点比萨外卖。那么在 S、M、L 三种尺寸中，哪一种最划算呢？各个尺寸的大小和价格分别是：S 号（直径 20cm，39 元）、M 号（直径 25cm，69 元）、L 号（直径 36cm，102 元）。我们按照价格 ÷ 面积来计算一下 1cm² 比萨的价格。

S 号　由 39 ÷（10 × 10 × 3.14）得出：约 0.12 元 / cm²

M 号　由 69 ÷（12.5 × 12.5 × 3.14）得出：约 0.14 元 / cm²

L 号　由 102 ÷（18 × 18 × 3.14）得出：约 0.10 元 / cm²

通过以上计算可知，最划算的尺寸依次为 L 号、S 号、M 号。

8 数字除以 5 的心算技巧

"数字除以 5"时，将该数字"乘以 2"

在"数字乘以 5 的心算技巧"中，我们介绍了实际不用乘以 5 就能算出答案的方法。这里我们将要介绍的是"数字除以 5 的心算技巧"。利用这种技巧，实际上也不需要除以 5 就能得出答案。下面以 $215 \div 5$ 为例进行说明。

① 先将除法计算中 5 的被除数 215 扩大 1 倍（乘以 2）。

$$215 \times 2 = 430$$

② 步骤①中计算的结果除以 10 即得出答案。答案为 43。

$$430 \div 10 = 43$$

利用这个心算技巧，在碰到数字除以 50 或 0.05 时，也能很容易计算出答案来。比如 $12300 \div 50$。

① 因为 $12300 \div 50 = 12300 \div 5 \div 10$，所以可以利用上面介绍的"数字除以 5 的心算技巧"进行计算。先将 12300 乘以 2，即 $12300 \times 2 = 24600$。然后除以 10，即 $24600 \div 10 = 2460$。

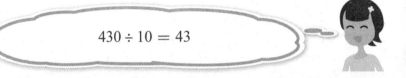

$$12300 \times 2 = 24600 \qquad 24600 \div 10 = 2460$$

② 将步骤①中计算的结果除以 10，即 $2460 \div 10 = 246$ 由此得出答案为 246。

第 27 页的答案

❶ 290 ❷ 480 ❸ 370 ❹ 310 ❺ 2040 ❻ 780 ❼ 1200 ❽ 4300 ❾ 18000 ❿ 39300 ⓫ 481 ⓬ 596 ⓭ 135 ⓮ 320

28

$$2460 \div 10 = 246$$

370 ÷ 0.05 该如何计算呢?

1. 因为 370÷0.05=370÷（5÷100）=370÷5×100，所以可以利用上面介绍的"数字除以 5 的心算技巧"进行计算。先将 370 乘以 2，即 370×2=740。然后除以 10，即 740÷10=74。

$$370 \times 2 = 740 \qquad 740 \div 10 = 74$$

2. 将步骤①中计算的结果乘以 100，即 74×100=7400。由此得出答案为 7400。

$$74 \times 100 = 7400$$

* 因为 $0.5=\dfrac{1}{2}$，所以计算一个数除以 0.5 的更简单的方法是将该数乘以 2。比如要计算 82÷0.5，按照 $82 \div 0.5 = 82 \div \dfrac{1}{2} = 82 \times 2 = 164$ 的步骤进行心算即可。

$$82 \times 2 = 164$$

心算技巧的原理

下面以 215÷5 为例，解释一下"数字除以 5 的心算技巧"的计算原理。

$$
\begin{aligned}
215 \div 5 &= 215 \div \frac{10}{2} \\
&= 215 \times \frac{2}{10} \\
&= 215 \times 2 \div 10
\end{aligned}
$$

将除法运算中 5 的被除数乘以 2，然后再除以 10

心算练习

练一练，试着 1 秒钟说出答案。

① $320 \div 5$

② $845 \div 5$

③ $680 \div 5$

④ $935 \div 5$

⑤ $1470 \div 5$

⑥ $4105 \div 5$

⑦ $2350 \div 50$

⑧ $5750 \div 50$

⑨ $63450 \div 50$

⑩ $11150 \div 50$

⑪ $99 \div 0.5$

⑫ $88 \div 0.5$

⑬ $76 \div 0.05$

⑭ $48 \div 0.05$

答案见下一页

休息片刻

现有 A、B、C 三人同时乘坐一辆出租车，三人下车地点均不同，要求计算他们每个人均摊的费用。假设 A、B、C 各自乘车的情况下需要支付的车费分别为 10 元、20 元、30 元，三人同时乘坐的情况下最后需要支付的车费总数为 42 元（费用可以用电脑验算）。为确保公平，假设每人的折扣率即支付率相同，为 r。

因为 10r+20r+30r=42，可以得出 $r = \dfrac{42}{60} = \dfrac{7}{10}$，即在该题目所设场景中的支付率为 70%（优惠 30%）。由此可知，A 需付 7 元，B 需付 14 元，A 需付 21 元，如此可以保证费用均摊的公平性。

1 挪一挪位置计算更简单：二位数乘法口诀
从 11 到 19 的二位数乘法心算技巧

下面介绍的是从 11 到 19 的二位数相乘时使用的心算技巧。
接下来以 17×18 为例进行说明。

1 将两个数中任意一方与另一方的个位上的数相加。17+8=25（18+7=25 也可以。）

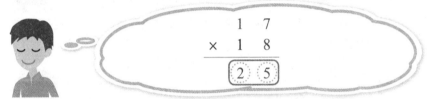

2 将两个数个位上的数相乘，把结果填在如图所示的向右错开位置的空格中，注意数字挨着右侧填写。7×8=56

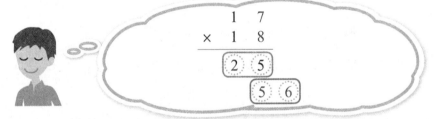

3 将两处空格中的数上下相加就完成本题的计算了。答案为 306。

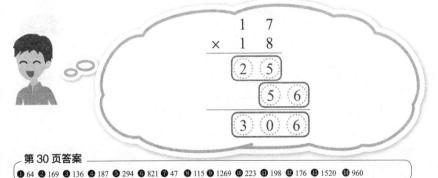

第 30 页答案
❶ 64 ❷ 169 ❸ 136 ❹ 187 ❺ 294 ❻ 821 ❼ 47 ❽ 115 ❾ 1269 ❿ 223 ⓫ 198 ⓬ 176 ⓭ 1520 ⓮ 960

以上介绍的心算技巧，在碰到像 1.1 和 0.18 这样的小数或者 170 这样的数时也能使用。比如 1.3 × 12。

① 因为 1.3 × 12=13 × 12 ÷ 10，所以求出 13 × 12 的结果，再除以 10 就能得出答案了。首先按步骤利用这个心算技巧进行计算。13+2=15

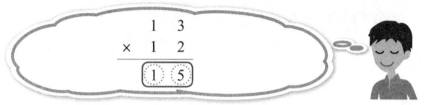

② 将两个数个位上的数相乘，把结果填在向右错开位置的空格中，注意数字挨着右侧填写。3×2=6

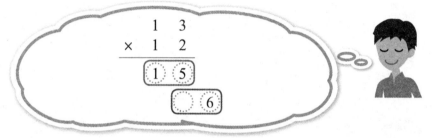

③ 将两处空格中的数上下相加，得出结果 156。

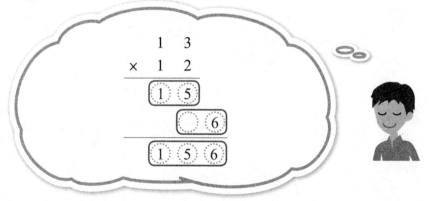

④ 将步骤③中计算得出的结果除以 10，即 156 ÷ 10=15.6。因此答案为 15.6。

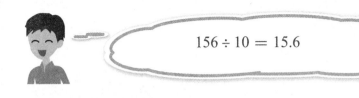

$$156 \div 10 = 15.6$$

心算技巧的原理

以 17×18 为例，了解一下背后的计算原理。

$$
\begin{aligned}
17 \times 18 &= (10 + 7) \times (10 + 8) \\
&= 10 \times 10 + 10 \times 8 + 10 \times 7 + 7 \times 8 \\
&= 10 \times (10 + 7 + 8) + 7 \times 8 \\
&= 10 \times (17 + 8) + 7 \times 8
\end{aligned}
$$

由此可知，两个数中任意一方与另一方的个位上的数相加（17+8），因为错开一个数位，实际表示 $[(17+8) \times 10]$，再将两个数个位上的数相乘（7×8），最后将两次计算的结果相加即得出答案。

$$= 306$$

计算过程的文字说明如下。

设两个二位数其中一方个位上的数为 a，另一方个位上的数为 b，则这两个二位数分别为 10+a、10+b。

将这两个数相乘，算式如下。

$$
\begin{aligned}
&(10 + a) \times (10 + b) \\
&= 10 \times 10 + 10b + 10a + ab \\
&= 10[(10 + a) + b] + ab
\end{aligned}
$$

由此可知，两个二位数其中一方与另一方的个位上的数相加 $[(10+a)+b]$，将其乘以 10 表示错开一个数位后实际的数值，再将两个数个位上的数相乘（ab），最后将两次计算的结果相加即得出答案。

心算练习

练一练，试着 3 秒钟说出答案。

①
$$\begin{array}{r} 1\ \ 4 \\ \times\ 1\ \ 6 \\ \hline \end{array}$$

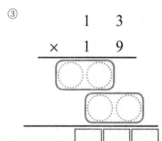

②
$$\begin{array}{r} \times\ 1\ \ 8 \\ 1\ \ 5 \\ \hline \end{array}$$

③
$$\begin{array}{r} 1\ \ 3 \\ \times\ 1\ \ 9 \\ \hline \end{array}$$

④
$$\begin{array}{r} 1\ \ 4 \\ \times\ 1\ \ 2 \\ \hline \end{array}$$

⑤
$$\begin{array}{r} 1\ \ 8 \\ \times\ 1\ \ 2 \\ \hline \end{array}$$

⑥
$$\begin{array}{r} 1\ \ 6 \\ \times\ 1\ \ 2 \\ \hline \end{array}$$

⑦
$$\begin{array}{r} 1\ .\ 7 \\ \times\ 1\ \ 3 \\ \hline \end{array}$$

⑧
$$\begin{array}{r} 1\ .\ 9 \\ \times\ 1\ \ 5 \\ \hline \end{array}$$

⑨
$$\begin{array}{r} 1\ .\ 5 \\ \times\ 1\ .\ 4 \\ \hline \end{array}$$

⑩
$$\begin{array}{r} 1\ .\ 8 \\ \times\ 1\ .\ 9 \\ \hline \end{array}$$

答案见下一页

2 熟能生巧：二位数乘法口诀
二位数和一位数相乘的心算技巧

下面介绍的是二位数和一位数相乘的心算技巧。首先以 38×7 为例进行说明。

① 将二位数十位上的数（此处为 3）乘以一位数（此处为 7）。$3 \times 7 = 21$

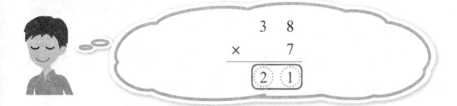

② 将二位数个位上的数（此处为 8）乘以一位数（此处为 7），把结果填在如图所示的向右错开位置的空格中，注意数字挨着右侧填写。$8 \times 7 = 56$

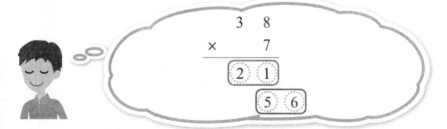

③ 将两处空格中的数上下相加就完成本题的计算了。答案为 266。

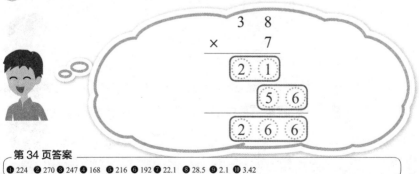

第 34 页答案
❶ 224　❷ 270　❸ 247　❹ 168　❺ 216　❻ 192　❼ 22.1　❽ 28.5　❾ 2.1　❿ 3.42

35

以上介绍的心算技巧，在碰到像 4.3×6 这样的计算时也可以应用。因为 4.3×6=43×6÷10，所以只要先求出 43×6 的结果，再除以 10 就可以了。

① 计算 43×6 时，先将二位数十位上的数（此处为 4）乘以一位数（此处为 6）。
4×6=24

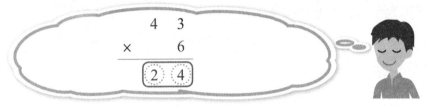

② 将二位数个位上的数（此处为 3）乘以一位数（此处为 6），把结果填在如图所示的向右错开位置的空格中，注意数字挨着右侧填写。3×6=18

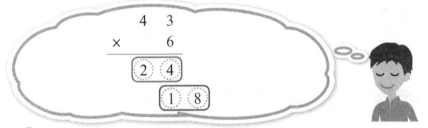

③ 将两处空格中的数上下相加，得出结果 258。

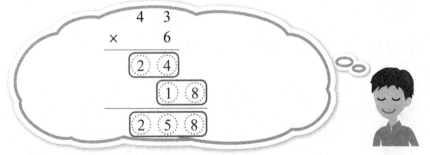

④ 将在步骤③中求出的结果除以 10。258÷10=25.8 答案为 25.8。

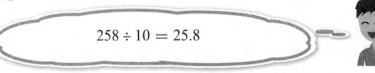

更进一步，如果要求计算 290×80，可以按 290×80=29×8×10×10=29×8×100 的思路解题，即先求出 29×8 再乘以 100。

1 计算 29×8 时,先将二位数十位上的数(此处为 2)乘以一位数(此处为 8)。
2×8=16

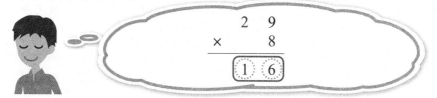

2 将二位数个位上的数（此处为 9 ）乘以一位数（此处为 8 ），把结果填在如图所示的向右错开位置的空格中，注意数字挨着右侧填写。9×8=72

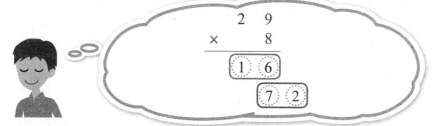

3 将两处空格中的数上下相加，得出结果 232。

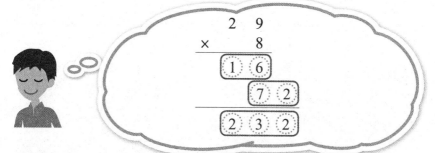

4 将在步骤③中求出的结果乘以 100。232×100=23200
因此答案为 23200。

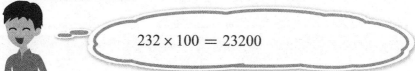

$$232 \times 100 = 23200$$

心算练习

练一练，试着 3 秒钟说出答案。

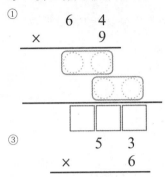

①
$$\begin{array}{r} 6\ \ 4 \\ \times \quad 9 \\ \hline \end{array}$$

②
$$\begin{array}{r} 8\ \ 7 \\ \times \quad 5 \\ \hline \end{array}$$

③
$$\begin{array}{r} 5\ \ 3 \\ \times \quad 6 \\ \hline \end{array}$$

④
$$\begin{array}{r} 7\ \ 2 \\ \times \quad 8 \\ \hline \end{array}$$

⑤
$$\begin{array}{r} 4\ \ 8 \\ \times \quad 7 \\ \hline \end{array}$$

⑥
$$\begin{array}{r} 9\ \ 6 \\ \times \quad 4 \\ \hline \end{array}$$

⑦
$$\begin{array}{r} 3\,.\,9 \\ \times \quad 8 \\ \hline \end{array}$$

⑧
$$\begin{array}{r} 2\,.\,4 \\ \times \quad 5 \\ \hline \end{array}$$

⑨
$$\begin{array}{r} 6\,.\,7 \\ \times \quad 6 \\ \hline \end{array}$$

⑩
$$\begin{array}{r} 9\,.\,2 \\ \times \quad 7 \\ \hline \end{array}$$

休息片刻

答案见下一页

快速计算零钱的方法

购物时拿出 10 元或 100 元的纸币需要对方找零时，利用"加起来等于 9 的方法"就能简单算出零钱数。比如，购物花费 6.7 元时拿出 10 元纸币让对方找零，这时候求出和各个位数上的数相加等于 9 的数即可知道零钱数（任何情况，个位上的数都需要找和其相加等于 10 的数）。6→3，7→3，由此可以得出零钱为 3.3 元。如果购物花费 35.9 元时拿出 100 元纸币让对方找零，按照 3→6，5→4，9→1 的思路可以算出零钱为 64.1 元。

拿出 50 元让对方找零时，需要找和十位上的数相加等于 4 的数。如果购物花费 247 日元的话，按照 2→2，4→5，7→3 的思路可以得出零钱为 25.3 元。

3 两个接近 100 的数相乘的心算技巧

看出数字和 100 的差值就知道答案的心算技巧

下面介绍的是两个接近 100 的数相乘时使用的心算技巧。
首先，针对两个比 100 小的数相乘的情况，以 98×97 为例
进行说明。

1 列出 98 和 97 相乘的竖式，同时在每个数旁边列出其和 100 的差值（98
和 100 的差为 2，97 和 100 的差为 3）。因为 98 和 97 均比 100 小，所
以在差值旁标上负号。

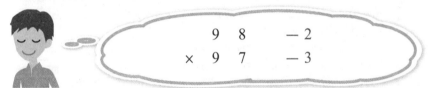

2 想象在差值下方有一个二位数的空格，将差值上下相乘的结果（此处即
2×3=6）填入空格中，注意数字挨着右侧填写。因为是二位数的空格，
所以补出 0 写成 06。

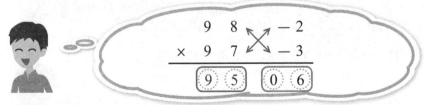

3 将接近 100 的数和上面求出的与 100 的差值进行交叉相加计算（98–
3=95，或 97–2=95）。将求出的数填入步骤中空格的左边，注意数字挨着
右侧填写。由此得出答案为 9506。

第 38 页答案

❶ 576 ❷ 435 ❸ 318 ❹ 576 ❺ 336 ❻ 384 ❼ 31.2 ❽ 12 ❾ 40.2 ❿ 64.4

接下来，针对两个比 100 大的数相乘的情况，以 106 × 108 为例进行说明。

1 列出 106 和 108 相乘的竖式，同时在每个数旁边列出其和 100 的差值（106 和 100 的差为 6，108 和 100 的差为 8）。因为 106 和 108 均比 100 大，所以在差值旁标上正号。

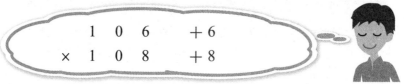

2 将差值上下相乘的结果（此处即 6×8=48）填入上文介绍过的下方空格中，注意数字挨着右侧填写。

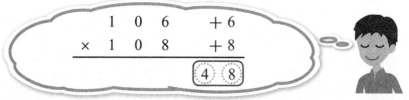

3 进行上文所介绍的交叉计算（106+8=114，或 108+6=114）。将求出的数填入步骤 2 中空格的左边，注意数字挨着右侧填写。由此得出答案为 11448。

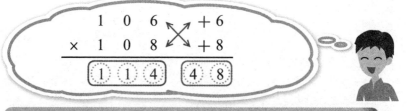

最后，针对比一个比 100 大的数和一个比 100 小的数相乘的情况，以 96 × 105 为例进行说明。

1 列出两个数相乘的竖式以及其和 100 的差值。

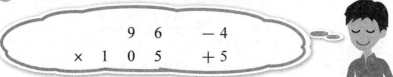

2 虽然差值上下相乘的结果为 4×5=20，但是在一个比 100 大的数和一个比 100 小的数相乘的情况下，下方空格中填入的数不是 20，而是 20 相对于 100 的补数（即和 20 相加等于 100 的数）80。

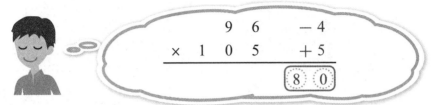

3 进行上文介绍的交叉计算（95+6=101，或 105-4=101）。将求出的数减去 1 后填入步骤②中空格的左边，注意数字挨着右侧填写。101-1=100 所以答案为 10080。

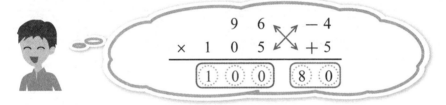

心算技巧的原理

以 98×97 为例，了解一下背后的计算原理。

$$98 \times 97 = (100 - 2) \times (100 - 3)$$
$$= 100 \times 100 - 100 \times 3 - 100 \times 2 + 2 \times 3$$
$$= 100 \times (100 - 3 - 2) + 2 \times 3$$
$$= 100 \times (98 - 3) + 2 \times 3$$

由此可知，将两个数其中一方减去另一方与 100 的差值（98-3），因为错开了两个数位，实际表示的数值是 [（98-3）×100]，再将这两个数与 100 的差值相乘（2×3），最后将两次计算的结果相加即得出答案。

$$= 9506$$

心算练习

练一练，试着3秒钟说出答案。

①
```
      9  4
×     9  3
```

②
```
      9  2
×     9  1
```

③
```
   1  0  4
×  1  0  2
```

④
```
   1  0  7
×  1  0  3
```

⑤
```
      9  5
×  1  0  1
```

⑥
```
      9  3
×  1  0  9
```

⑦
```
      9  6
×     9  2
```

⑧
```
      9  1
×     9  8
```

⑨
```
   1  0  5
×  1  0  8
```

⑩
```
   1  0  6
×  1  0  9
```

答案见下一页

4 两个接近 50 的数相乘的心算技巧

看出数字和 50 的差值就知道答案的心算技巧

下面介绍的是两个接近 50 的数相乘时使用的心算技巧。当数字和 50 的差值在 9 以内时，可以使用该技巧。首先，针对两个比 50 小的数相乘的情况，以 49×46 为例进行说明。

1 列出 49 和 46 相乘的竖式，同时在每个数旁边列出其和 50 的差值（49 和 50 的差值为 1，46 和 50 的差值为 4）。因为 49 和 46 均比 50 小，所以在差值旁标上负号。

2 想象在差值下方有一个一位数的空格，将差值上下相乘的结果（此处即 1×4=4）填入空格中。

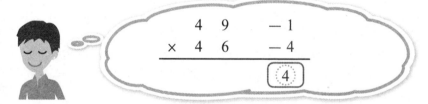

3 将接近 50 的数和上面求出的与 50 的差值进行交叉相加计算（49-4=45，或 46-1=45）。将交叉相加之和乘以 5（45×5=225），最后将把计算结果填入步骤中空格的左边。由此得出答案为 2254。

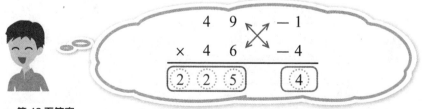

第 42 页答案

❶ 8742 ❷ 8372 ❸ 10608 ❹ 11021 ❺ 9595 ❻ 10137 ❼ 8832 ❽ 8918 ❾ 11340 ❿ 11554

接下来，针对两个比 50 大的数相乘的情况，以 58 × 57 为例进行说明。

1. 列出 58 和 57 相乘的竖式，同时在每个数旁边列出其和 50 的差值（58 和 50 的差值为 8，57 和 50 的差值为 7）。因为 58 和 57 均比 50 大，所以在差值旁标上正号。

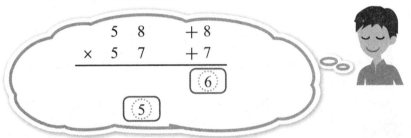

2. 将差值相乘的结果（此处即 8×7=56）填入下方的空格中，因为是一位数的空格，所以将 5 进到前一个数位。

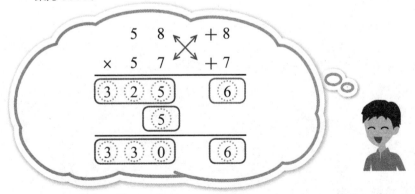

3. 进行前面所介绍的交叉计算（58+7=65，或 57+8=65）。将求出的数乘以 5（65×5=325），再和步骤②中向前进了一位的 5 相加。由此得出答案为 3306。

虽然针对一个比 50 大和一个比 50 小的两个数相乘的情况，这个技巧也可以使用，但是算不上快速。这种情况在第 4 章 二位数相乘的心算中会详细介绍。

心算技巧的原理

以 49×46 为例，了解一下背后的计算原理。

$$49 \times 46 = (50 - 1) \times (50 - 4)$$
$$= 50 \times 50 - 50 \times 4 - 50 \times 1 + 1 \times 4$$
$$= 50 \times (50 - 1 - 4) + 1 \times 4$$
$$= 10 \times 5 \times (49 - 4) + 1 \times 4$$

由此可知，先计算两个数中的一方减去另一方与 50 的差值（49–4），再乘以 [5 ×（49–4）]，因为错开一个数位，实际表示 [10 × 5 ×（49–4）]，再将两个数与 50 的差值相乘（1 × 4），最后将两次计算的结果相加即得出答案。

$$= 2254$$

计算过程的文字说明如下。
设两个二位数分别为 50-a、50-b。将这两者相乘，计算过程如下。

$$(50 - a) \times (50 - b)$$
$$= 50 \times 50 - 50b - 50a + ab$$
$$= 50 \times (50 - a - b) + ab$$
$$= 10 \times 5 \times [(50 - a) - b] + ab$$

由此可知，先求出两个数中的一方减去另一方与 50 的差值 [（50–a）–b]，将其乘以 5，因为错开一个数位，实际表示的数值是 ｛10 × 5 × [（50–a）–b]｝，再将两个数与 50 的差值相乘（ab），最后将两次计算的结果相加即得出答案。

练一练，试着3秒钟说出答案。

①
$$\begin{array}{r} 4\ 8 \\ \times\ 4\ 7 \\ \hline \end{array}$$

②
$$\begin{array}{r} 5\ 4 \\ \times\ 5\ 2 \\ \hline \end{array}$$

③
$$\begin{array}{r} 4\ 4 \\ \times\ 4\ 2 \\ \hline \end{array}$$

④
$$\begin{array}{r} 5\ 6 \\ \times\ 5\ 9 \\ \hline \end{array}$$

⑤
$$\begin{array}{r} 4\ 9 \\ \times\ 4\ 3 \\ \hline \end{array}$$

⑥
$$\begin{array}{r} 5\ 8 \\ \times\ 5\ 1 \\ \hline \end{array}$$

⑦
$$\begin{array}{r} 4\ 5 \\ \times\ 4\ 6 \\ \hline \end{array}$$

⑧
$$\begin{array}{r} 5\ 3 \\ \times\ 5\ 7 \\ \hline \end{array}$$

⑨
$$\begin{array}{r} 4\ 1 \\ \times\ 4\ 8 \\ \hline \end{array}$$

⑩
$$\begin{array}{r} 5\ 2 \\ \times\ 5\ 5 \\ \hline \end{array}$$

答案见下一页

5 你知道数字的性格吗？
判断一个数能否被除尽的心算技巧

123456 能被 3 除尽吗？你能很快知道答案吗？下面介绍一种利用数字的性格，不用实际计算就能知道其能否被除尽的方法。

< 能被 2 除尽的数 >

个位是 0、2、4、6、8（偶数）的数。

（例）4、16、128 等

< 能被 3 除尽的数 >

各个位数上的数之和（即所有数位上的数相加的结果）能被 3 除尽的数。

（例）78、123、111111 等

$$123456 \Rightarrow 1 + 2 + 3 + 4 + 5 + 6 = 21$$

因为 21 能被 3 除尽，所以 123456 能被 3 除尽！

< 能被 4 除尽的数 >

后两位能被 4 除尽或者是 00 的数。

（例）48、104、987600 等

36924 →只看最后两个位数→ 24

因为 24 能被 4 除尽，所以 36924 能被 4 除尽！

< 能被 5 除尽的数 >

个位是 0、5 的数。

（例）75、840、24685 等

<能被 6 除尽的数 >

因为 □÷6＝□÷3÷2，所以能被 6 除尽的数能同时被 3 和 2 除尽。即各个位数上的数之和（即所有数位上的数相加的结果）能被 3 除尽，且个位是 0、2、4、6、8 的数。

（例）84、246、1110 等

$$13572 \Rightarrow 1+3+5+7+2 = 18$$

因为 18 能被 3 除尽，所以 123456 能被 3 除尽！
18 能被 3 除尽，且个位上的数是 2，所以 13572 能被 6 除尽！

<能被 7 除尽的数 >

个位上的数乘以 5，再加上其他位数上的数之和能被 7 除尽的数。

（例）105、294、3654 等

$$196 \Rightarrow 6 \times 5 = 30 \quad （个位上的数乘以 5）$$
$$\Rightarrow 19 + 30 = 49 \quad （再和其他位数上的数相加）$$

因为 49 能被 7 除尽，所以 196 能被 7 除尽！

<能被 8 除尽的数 >

后三位数能被 8 除尽或是 000 的数。

（例）648、1248、357000 等

$$57168 \Rightarrow 只看后三位上的数 \Rightarrow 168$$

因为 168 能被 8 除尽，所以 57168 能被 8 除尽！

<能被 9 除尽的数 >

各个位数上的数之和（即所有数位上的数相加的结果）能被 9 除尽的数。

（例）108、234、12321 等

$$121212 \Rightarrow 1 + 2 + 1 + 2 + 1 + 2 \Rightarrow 9$$

因为 9 能被 9 除尽，所以 121212 能被 9 除尽！

< 能被 10 除尽的数 >

个位是 0 的数。

（例）60、570、48620 等。

< 能被 11 除尽的数 >

相隔数字相加的结果之间的差值是 0 或 11 的倍数（即能被 11 除尽的数）的数。

（例）1221、6259、693 等。

$$43659 \Rightarrow 4 + 6 + 9 = 19 \text{（相隔数字之和）}$$

$$43659 \Rightarrow 3 + 5 = 8 \text{（相隔数字之和）}$$

两者的差值 19-8=11，因为 11 是 11 的倍数，所以 43659 能被 11 除尽。

< 能被 12 除尽的数 >

因为 □ ÷12= □ ÷4÷3，所以能被 12 除尽的数能同时被 4 和 3 除尽。即后两位能被 4 除尽或者是 00，且各个位数上的数之和（即所有数位上的数相加的结果）能被 3 除尽。

（例）300、528、1116 等。

$$2304 \Rightarrow 看一下后两位上的数 \Rightarrow 04$$

$$\Rightarrow 2 + 3 + 0 + 4 = 9$$

后两位上的数为 04，能被 4 除尽，且各个位数上的数之和为 9，能被 3 除尽，所以 2304 能被 12 除尽。

心算练习

练一练，试着 3 秒钟说出答案。

① 选出所有能被 3 除尽的数。

A.84　B.198　C.286　D.381　E.1468　F.2034　G.10736

② 选出所有能被 4 除尽的数。

A.128　B.254　C.308　D.1294　E.3800　F.7874　G.21364

③ 选出所有能被 6 除尽的数。

A.92　B.186　C.234　D.681　E.1234　F.2406　G.11934

④ 选出所有能被 7 除尽的数。

A.98　B.146　C.217　D.347　E.462　F.581　G.623

⑤ 选出所有能被 8 除尽的数。

A.136　B.426　C.698　D.1544　E.2712　F.13000　G.14782

⑥ 选出所有能被 9 除尽的数。

A.798　B.3456　C.6789　D.11339　E.223344　F.111222　G.604080

⑦ 选出所有能被 11 除尽的数。

A.209　B.986　C.1212　D.1386　E.3984　F.28038　G.863115

⑧ 选出所有能被 12 除尽的数。

A.156　B.284　C.366　D.708　E.1612　F.2800　G.13572

答案见下一页

6 你能发现两个数的共同之处吗？

约分的心算技巧

下面介绍的是当分数的分母和分子有共同的约数时进行约分的技巧。首先是比较基础的约分。

$$\frac{126}{420}$$

1　先观察分母和分子中较小的数（此处为分子 126）。利用寻找能把被除数除尽的数的心算技巧，思考分子能否被 2、3、5、7、9 除尽。

個位上的数为 6 →能被 2 除尽
1+2+6=9 →能被同时被 9 和 3 除尽
5×6+12=42 →能被 7 除尽

2　接下来思考能同时把分母和分子除尽的数。

個位上的数为 0 →能被 2 除尽
4+2+0=6 →能被 3 除尽
5×0+42=42 →能被 7 除尽

3　分母和分子能同时被 2×3×7=42 除尽。126÷42=3　420÷42=10

$$\frac{126}{420} = \frac{3}{10}$$

找出能把被除数除尽的数并不总是那么轻松。这时候需要用到接下来介绍的方法。

$$\frac{57}{76}$$

① 先将分母和分子相减，再思考相减的结果能被什么数除尽。76-57=19 思考 19 能被什么数除尽。

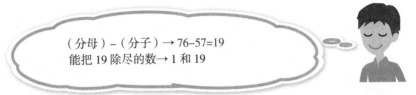

（分母）-（分子）→ 76-57=19
能把 19 除尽的数→ 1 和 19

② 对步骤①中计算的结果（此处为 19）进行约分。57÷19=3 76÷19=4

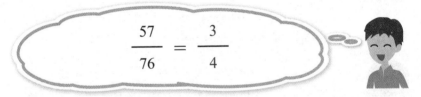

$$\frac{57}{76} = \frac{3}{4}$$

再来看一下其他的约分计算情况。

$$\frac{119}{187}$$

① 先将分母和分子相减。187-119=68 因为相减的结果数字较大，很难一眼看出能把被除数除尽的数，所以将分子和以上结果相减。119-68=51

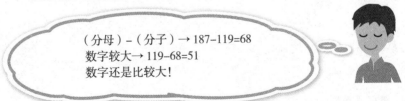

（分母）-（分子）→ 187-119=68
数字较大→ 119-68=51
数字还是比较大！

2 这样计算出来的数还是较大，因此接下来将 68 减去 51。68-51=17 这个数相比之下已经相当小了，可以试着进行约分。119÷17=7 187÷17=11

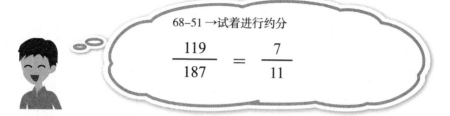

68-51 →试着进行约分

$$\frac{119}{187} = \frac{7}{11}$$

最后还有一种需要注意的约分情况。

$$\frac{9\ 2}{2\ 0\ 7}$$

1 先将分母和分子相减。207-92=115 计算结果还是比分子大，所以将结果再一次和分子相减。115-92=23

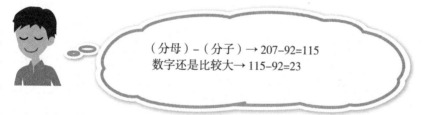

（分母）-（分子）→ 207-92=115
数字还是比较大→ 115-92=23

2 用 23 进行约分。92÷23=4 207÷23=9

$$\frac{92}{207} = \frac{4}{9}$$

练一练，试着 3 秒钟说出答案。

①
$$
\begin{array}{r}
2\ 8 \\
\hline
4\ 2
\end{array}
$$

②
$$
\begin{array}{r}
6\ 0 \\
\hline
7\ 8
\end{array}
$$

③
$$
\begin{array}{r}
3\ 6 \\
\hline
5\ 4
\end{array}
$$

④
$$
\begin{array}{r}
6\ 3 \\
\hline
8\ 4
\end{array}
$$

⑤
$$
\begin{array}{r}
7\ 2 \\
\hline
9\ 6
\end{array}
$$

⑥
$$
\begin{array}{r}
1\ 6\ 8 \\
\hline
2\ 1\ 0
\end{array}
$$

⑦
$$
\begin{array}{r}
3\ 9 \\
\hline
5\ 2
\end{array}
$$

⑧
$$
\begin{array}{r}
3\ 4 \\
\hline
8\ 5
\end{array}
$$

⑨
$$
\begin{array}{r}
1\ 3\ 8 \\
\hline
2\ 5\ 3
\end{array}
$$

⑩
$$
\begin{array}{r}
8\ 7 \\
\hline
2\ 3\ 2
\end{array}
$$

答案见下一页

休息片刻

三门问题（1）

有 3 个看不见里面东西的箱子，其中一个箱子里装着奖金，剩下的两个箱子里什么也没有。假设你从 A、B、C 3 个箱子里选择了 A 箱子。然后这时候知道奖金放在哪个箱子里的主持人打开了空的 B 箱子展示给你看，同时对你说可以重新选择一次。你是继续选择 A 箱子呢，还是改选 C 箱子呢？

选哪一个箱子中奖的概率大呢？答案是 C 箱子中奖的概率大，所以应该改选 C。

54

7

从 25 到 00！ 教给你除法运算的秘诀

数字除以 25 的心算技巧

有时候稍微改一下除法计算，再通过简单的心算就能得出
答案。下面将介绍一些这样的例子。首先介绍数字除以 25
的心算技巧。

<当除数为 25 时>

将除数和被除数同时乘以 4。因为 25×4=100，所以这里将除数乘以 4，即利
用 100 来进行计算。

（例）1600÷25

$$1600 \div 25 = (1600 \times 4) \div (25 \times 4)$$
$$= 6400 \div 100$$
$$= 64$$

当除数为 2.5 或 0.25 时，按照这个思路，除法计算会变得简单许多。

（例）115÷2.5

$$115 \div 2.5 = (115 \times 4) \div (2.5 \times 4)$$
$$= 460 \div 10$$
$$= 46$$

（例）820÷0.25

$$820 \div 0.25 = (820 \times 4) \div (0.25 \times 4)$$
$$= 3280 \div 1$$
$$= 3280$$

第 54 页答案

❶ $\frac{2}{3}$ ❷ $\frac{10}{13}$ ❸ $\frac{2}{3}$ ❹ $\frac{3}{4}$ ❺ $\frac{3}{4}$ ❻ $\frac{4}{5}$ ❼ $\frac{3}{4}$ ❽ $\frac{2}{5}$ ❾ $\frac{6}{11}$ ❿ $\frac{3}{8}$

接下来介绍数字除以 125 的心算技巧。

＜当除数为 125 时＞

将除数和被除数同时乘以 8。因为 $125 \times 8 = 1000$，所以这里将除数乘以 8，即利用 1000 来进行计算。

（例）$3500 \div 125$

$$3500 \div 125 = (3500 \times 8) \div (125 \times 8)$$
$$= 28000 \div 1000$$
$$= 28$$

和除数为 25 时的情况类似，当除数为 12.5 或 1.25 时，也可以使用这个技巧。

（例）$500 \div 12.5$

$$500 \div 12.5 = (500 \times 8) \div (12.5 \times 8)$$
$$= 4000 \div 100$$
$$= 40$$

（例）$750 \div 1.25$

$$750 \div 1.25 = (750 \times 8) \div (1.25 \times 8)$$
$$= 6000 \div 10$$
$$= 600$$

（例）$3000 \div 0.125$

$$3000 \div 0.125 = (3000 \times 8) \div (0.125 \times 8)$$
$$= 24000 \div 1$$
$$= 24000$$

除此之外，让被除数和除数同时乘以相同的数，也能使除法计算变得更加简单。让我们一起来了解一下。

（例）$516 \div 1.2$

$$516 \div 1.2 = (516 \times 5) \div (1.2 \times 5)$$
$$= 2580 \div 6$$
$$= 430$$

（例）$512 \div 1.6$

$$512 \div 1.6 = (512 \times 5) \div (1.6 \times 5)$$
$$= 2560 \div 8$$
$$= 320$$

（例）$1215 \div 15$

$$1215 \div 15 = (1215 \times 2) \div (15 \times 2)$$
$$= 2430 \div 30$$
$$= 81$$

（例）$63 \div 4.5$

$$63 \div 4.5 = (63 \times 2) \div (4.5 \times 2)$$
$$= 126 \div 9$$
$$= 14$$

练一练，试着 3 秒钟说出答案。

① 2100 ÷ 25

② 7000 ÷ 125

③ 180 ÷ 2.5

④ 550 ÷ 12.5

⑤ 14 ÷ 0.25

⑥ 60 ÷ 1.25

⑦ 6200 ÷ 25

⑧ 120 ÷ 0.125

⑨ 810 ÷ 2.5

⑩ 4500 ÷ 125

⑪ 312 ÷ 1.2

⑫ 1065 ÷ 15

答案见下一页

休息片刻

三门问题（2）

有人可能会想"奖金在 2 个箱子的其中 1 个里面，所以中奖率为 50%"，其实这是不正确的。

举个例子，假设将箱子的数量增加到 100 个，其中只有 1 个箱子里放着奖金。同样让你从中选择 1 个箱子。想一想：你中奖的概率是多少？没错，是 1%。那么，奖金放在没被你选择的 99 个箱子的其中 1 个里的概率是多少？当然是 99%。接下来，主持人在你面前打开了 98 个空箱子后问你："箱子可以重新选择，你选择哪个？"

想必现在你已经明白了。如果重新选择箱子的话，中奖概率是 99%，而继续选择原来的箱子，中奖概率则为 1%。

8 数字乘以 11 的心算技巧 提高篇

答案之门应该从右往左开

这一章节是"数字乘以 11 的心算技巧"的提高篇。下面介绍的是当和 11 相乘的数为三位数、四位数这样较大的数时使用的方法。首先以 326×11 为例进行说明。

① 先将 11 的被乘数 326 两端的数字（此处为 3 和 6）像开门一样往两边移开，想象一下中间空出空格。空格的数量为 11 的被乘数的位数减去 1。在这道题中，326 是三位数，所以空格的数量为 3-1=2（个）。

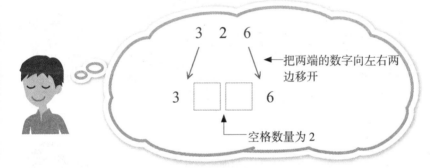

② 将 11 的被乘数 326 个位上的数和十位上的数相加，填入右边的空格中。6+2=8 再将十位上的数和百位上的数相加，填入左边的空格中。2+3=5

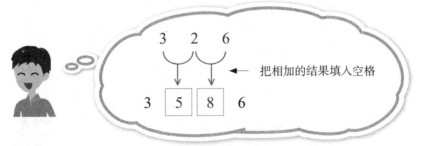

③ 这样就完成本题的计算了。答案为 3586。

第 58 页答案

❶ 84 ❷ 56 ❸ 72 ❹ 44 ❺ 56 ❻ 48 ❼ 248 ❽ 960 ❾ 324 ❿ 36 ⓫ 260 ⓬ 71

① 将 789 右端的数字(此处为 9)直接列在下方,然后将个位上的数和十位上的数相加。9+8=17 再将相加结果个位上的数(此处为 7)列在其旁边,且因为 17 是十位数需要向前进一位。

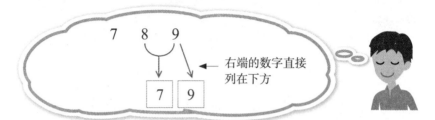

② 将十位上的数和百位上的数相加。8+7=15 再将该结果和上个步骤中进位的 1 相加。15+1=16 然后将相加结果的个位上的数 6 列在步骤①中数字的旁边。因为 16 也是十位数,需要向前进一位。

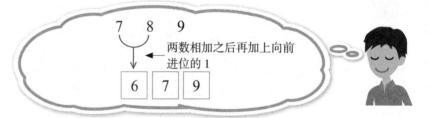

③ 将 789 左端的数字(此处为 7)和步骤中进位的 1 相加,得出的结果列在方格最左边。这样就完成计算了。7+1=8

④ 答案为 8679。

11 的被乘数如果是四位数的话，还是用同样的方法，将相邻的数字相加，注意进位。我们一起看一下 3467 × 11 的计算。

1 将 3467 右端的数字（此处为 7）直接列在下方，然后将个位上的数和十位上的数相加。再将相加结果个位上的数列在其旁边。7+6=13

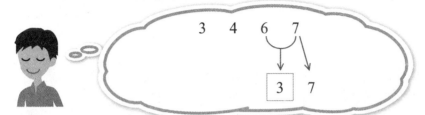

2 将十位上的数和百位上的数相加，再将该结果和上个步骤中进位的 1 相加。6+4+1=11 然后将所得结果个位上的数 1 列在步骤中数字的旁边。

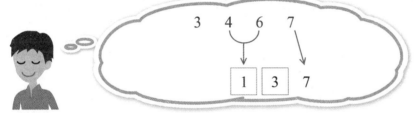

3 将百位上的数、千位上的数以及进位的 1 三者相加。4+3+1=8

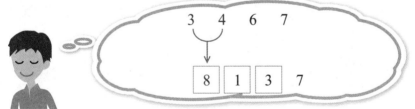

4 因为不需要进位，所以将 3467 左端的数列在方框中即完成本题的计算。答案为 38137。

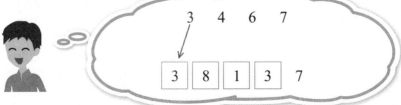

心算练习

练一练，试着 3 秒钟说出答案。

① 143×11

② 254×11

③ 568×11

④ 997×11

⑤ 5234×11

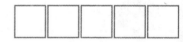

⑥ 1716×11

⑦ 4865×11

⑧ 6938×11

⑨ 365×11

⑩ 894×11

⑪ 2684×11

⑫ 8473×11

62

9 将乘法变成简单的减法的心算技巧
数字乘以 9 的心算技巧 提高篇

这一章节是"数字乘以 9 的心算技巧"的提高篇。下面介绍的是可以将三位数以及四位数和 9 相乘的计算转换成简单的减法计算的心算技巧。首先以 137×9 为例进行说明。

① 首先计算三位数个位上的数（此处为 7）相对于 10 的补数（相加等于 10，在本题中，7 和 3 相加等于 10，所以补数为 3）。这个数就是最终答案个位上的数。

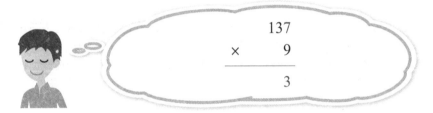

$$
\begin{array}{r}
137 \\
\times \quad 9 \\
\hline
3
\end{array}
$$

② 将从三位数中位数大的数字向个位方向看到的数（此处的三位数是 137，从位数大的数字向个位方向看到的数为 13）加上 1（13+1=14，所以此处计算结果为 14），并以该计算结果为减数、137 为被减数进行计算。
137-14=123
该数即是最终答案前三位上的数。

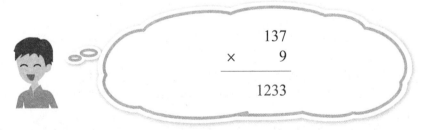

$$
\begin{array}{r}
137 \\
\times \quad 9 \\
\hline
1233
\end{array}
$$

③ 答案为 1233。

第 62 页答案

❶ 1573　❷ 2794　❸ 6248　❹ 10967　❺ 57574　❻ 18876　❼ 53515　❽ 76318　❾ 4015　❿ 9834　⓫ 29524　⓬ 93203

接下来请计算 2356×9。

① 首先计算四位数个位上的数（此处为6）相对于 10 的补数（6 和 4 相加
等于 10，所以补数为 4）。这个数就是最终答案个位上的数。

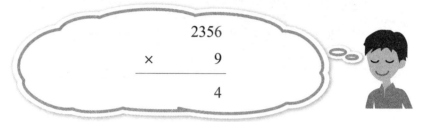

$$
\begin{array}{r}
2356 \\
\times \quad 9 \\
\hline
4
\end{array}
$$

② 将从四位数中位数大的数字向个位方向看到的数（此处的四位数是 2356，
从位数大的数字向个位方向看到的数为 235）加上 1（235+1=236，所
以此处计算结果为 236），并以该计算结果为减数、题目中的四位数为被
减数进行计算。2356-236=2120
该数即是最终答案前四位上的数。

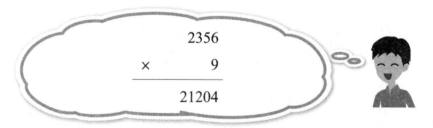

$$
\begin{array}{r}
2356 \\
\times \quad 9 \\
\hline
21204
\end{array}
$$

③ 答案为 21204。

和 9 相乘的数即使位数变多，计算顺序和上述例子是一样的：
（a）求 9 的被乘数个位上的数相对于 10 的补数，将其作为最终答案个位
上的数。
（b）从 9 的被乘数中位数大的数字向个位方向看到的数加 1，以该数为减
数、题中的被乘数为被减数进行计算，列在步骤（a）中求出的数字的左边。
由此可以得出答案。

以 137×9 为例，了解一下背后的计算原理。

$$137 \times 9 = 137 \times (10 - 1)$$
$$= 1370 - 137$$
$$= 1370 - (140 - 3) \quad \longleftarrow \text{个位上的数 7 的补数 3 出场}$$
$$= 1370 - 140 + 3$$
$$= 10 \times (137 - 14) + 3 \quad \longleftarrow \text{137-14 出场}$$
$$= 10 \times 123 + 3 \quad \longleftarrow \text{最终答案中前三位上的数}$$
$$\qquad\qquad\qquad\qquad\qquad\qquad 123 \text{ 出场}$$
$$= 1233$$

计算过程的文字说明如下。

设三位数百位上的数为 a，十位上的数为 b，个位上的数为 c，则该三位数可以表示为 $100a+10b+c$。该数乘以 9 的计算过程如下。

$$(100a + 10b + c) \times 9$$
$$= (100a + 10b + c) \times (10 - 1)$$
$$= 10(100a + 10b + c) - (100a + 10b + c)$$
$$= 10(100a + 10b + c) - [10(10a + b + 1) - (10 - c)]$$

个位上的数 c 的补数即 $10-c$ 出场 —————

$$= 10(100a + 10b + c) - 10(10a + b + 1) + (10 - c)$$
$$= 10[(100a + 10b + c) - (10a + b + 1)] + (10 - c)$$

将从三位数 $100a+10b+c$ 中百位上的数字向个位方向看到的数 $10a+b$ 加上 1，即 $10a+b+1$，并以该计算结果为减数、该三位数为被减数进行计算。然后将计算结果乘以 10，表示最终结果前三位的实际数值。$10-c$ 即最终结果个位上的数

心算练习

练一练，试着 3 秒钟说出答案。

①
```
    2 6 7
×       9
_____
```

②
```
    3 5 8
×       9
_____
```

③
```
    4 4 7
×       9
_____
```

④
```
    5 3 6
×       9
_____
```

⑤
```
    6 2 5
×       9
_____
```

⑥
```
    7 4 2
×       9
_____
```

⑦
```
  4 6 8 9
×       9
_____
```

⑧
```
  5 6 7 9
×       9
_____
```

⑨
```
  6 2 5 7
×       9
_____
```

⑩
```
  3 3 9 8
×       9
_____
```

⑪
```
  1 3 5 2
×       9
_____
```

⑫
```
  7 7 8 8
×       9
_____
```

答案见下一页

10 和什么数相乘才是问题的关键

通分的心算技巧

分母不同的分数之间的加法和减法，必须先通分将分母统一然后再进行计算。在通分过程中，分母和分子需要乘以相同的数，那么乘以什么数最合适呢？针对这个问题，下面介绍几种不同模式的心算技巧。首先是基础的通分计算。

$$\frac{1}{3} - \frac{1}{5}$$

1 将两个分数分别乘以彼此的分母进行通分。由此分母变为同一个数，就可以转换为同分母分数计算了。

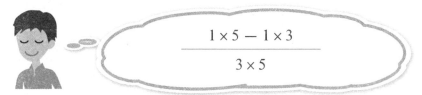

$$\frac{1 \times 5 - 1 \times 3}{3 \times 5}$$

2 将分子位置上的数进行计算。$1 \times 5 - 1 \times 3 = 2$

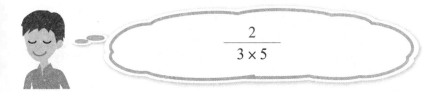

$$\frac{2}{3 \times 5}$$

3 因为不能约分，所以将分子位置上的数进行计算即可得出答案。答案为 $\frac{2}{15}$。

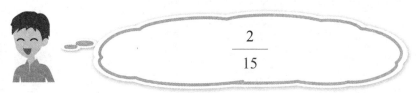

$$\frac{2}{15}$$

接下来介绍需要进行约分的情况。

$$\frac{1}{6} - \frac{1}{8}$$

① 将两个分数分别乘以彼此的分母进行通分。

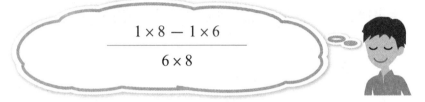

$$\frac{1 \times 8 - 1 \times 6}{6 \times 8}$$

② 将分子位置上的数进行计算。1×8-1×6=2

$$\frac{2}{6 \times 8}$$

③ 因为能约分，所以将分母和分子同时除以2。2÷2=1 6÷2=3

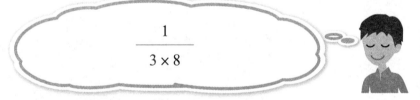

$$\frac{1}{3 \times 8}$$

④ 将分母上的数进行计算即可得出答案。答案为$\frac{1}{24}$。

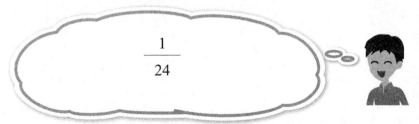

$$\frac{1}{24}$$

最后介绍的方法，适用于分子上的数较大时的计算。这种情况下先不进行与彼此分母相乘的计算，而是稍微变通一下算式再计算。

$$\frac{11}{12} - \frac{9}{20}$$

① 利用"约分的心算技巧"，找出可以将分母上的 12 和 20 除尽的数，尽量找出其中较大的数（此处为 4）。然后利用该数将分母转换成两数相乘的形式。12=4×3 20=4×5

$$\frac{11}{4 \times 3} - \frac{9}{4 \times 5}$$

② 找出彼此分母上不同的数，并利用其对分数进行通分，再计算分子位置上的数（左边分数乘以 5、右边分数乘以 3 进行通分）。11×5-9×3=28

$$\frac{11 \times 5 - 9 \times 3}{4 \times 3 \times 5} = \frac{28}{4 \times 3 \times 5}$$

③ 利用 4 对分母和分子进行约分。28÷4=7 4×3×5÷4=15 答案为 $\frac{7}{15}$。

$$\frac{7}{15}$$

* 不采用心算，而是在列出算式的情况下，如上所述找到分母的最小公倍数进行通分的方法更加有效。

心算练习

练一练，试着3秒钟说出答案。

① $\dfrac{1}{2} - \dfrac{1}{3}$

② $\dfrac{2}{5} + \dfrac{2}{7}$

③ $\dfrac{1}{4} - \dfrac{1}{6}$

④ $\dfrac{1}{3} + \dfrac{2}{9}$

⑤ $\dfrac{5}{6} - \dfrac{4}{9}$

⑥ $\dfrac{5}{6} - \dfrac{3}{8}$

⑦ $\dfrac{1}{10} - \dfrac{1}{12}$

⑧ $\dfrac{1}{12} + \dfrac{2}{15}$

⑨ $\dfrac{3}{10} + \dfrac{8}{15}$

⑩ $\dfrac{3}{14} - \dfrac{1}{18}$

⑪ $\dfrac{2}{15} - \dfrac{1}{20}$

⑫ $\dfrac{5}{22} - \dfrac{3}{26}$

答案见下一页

70

11 逐渐拓展的二位数乘法

从 21 到 29 的二位数乘法心算技巧

从 21 到 29 的二位数相乘时使用的心算技巧。接下来以 23×26 为例进行说明。

① 将两个二位数中任意一方与另一方个位上的数相加。23+6=29（26+3=29 也可以）再将计算结果乘以 2。29×2=58

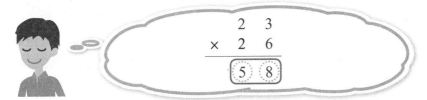

② 将两个数的个位上的数相乘，把结果填在如图所示的向右错开位置的空格中，注意数字挨着右侧填写。3×6=18

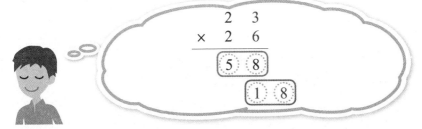

③ 将两处空格中的数上下相加就完成本题的计算了。答案为 598。

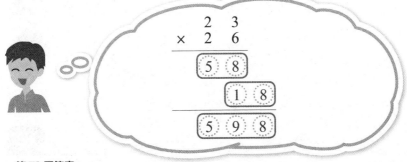

和"从 11 到 19 的二位数乘法心算技巧"相同,在碰到像 2.1 和 0.25 这样的小数或者 280 这样的数相乘时也能使用该心算技巧。比如 2.1×27。

① 因为 2.1×27=21×27÷10 所以求出 21×27 的结果,再除以 10 就能得出答案了。首先按上述心算技巧进行计算。21+7=28,28×2=56

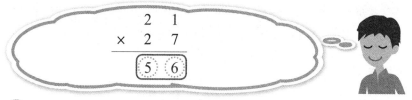

② 将两个数个位上的数相乘,把结果填在向右错开位置的空格中,注意数字挨着右侧填写。1×7=7

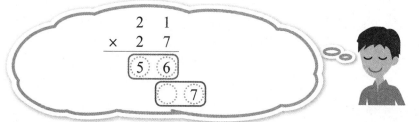

③ 将两处空格中的数上下相加,得出结果 567。

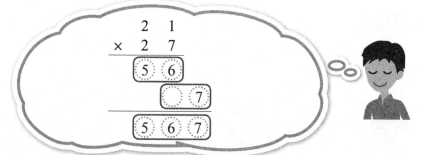

④ 将步骤③中计算得出的结果除以 10,即 567÷10=56.7。因此答案为 56.7。

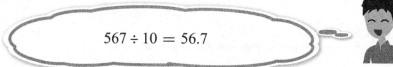

心算技巧的原理

以 23×26 为例，了解一下背后的计算原理。

$$23 \times 26 = (20 + 3) \times (20 + 6)$$
$$= 20 \times 20 + 20 \times 6 + 20 \times 3 + 3 \times 6$$
$$= 20 \times (20 + 3 + 6) + 3 \times 6$$
$$= 10 \times 2 \times (23 + 6) + 3 \times 6$$

由此可知，两个二位数中任意一方与另一方个位上的数相加的结果再乘以 2[2×(23+6)]，因为错开一个数位，实际表示的数值为 [10×2×(23+6)]。再将两个数个位上的数相乘（3×6），最后将两次计算的结果相加即得出答案。

$$= 598$$

计算过程的文字说明如下。

设两个二位数其中一方个位上的数为 a，另一方个位上的数为 b，则这两个二位数可以分别表示为 20+a、20+b。

将这两个数相乘，计算过程如下。

$$(20 + a) \times (20 + b)$$
$$= 20 \times 20 + 20 \times b + 20a + ab$$
$$= 20[(20 + a) + b] + ab$$
$$= 10 \times 2 \times [(20 + a) + b] + ab$$

由此可知，两个数中一方的二位数与另一方的个位上的数相加的结果再乘以 2{2×[(20+a+b)]}，将其乘以 10 表示错开一个数位后实际的数值。再将两个数个位上的数相乘（ab），最后将两次计算的结果相加即得出答案。

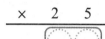

心算练习

练一练，试着 3 秒钟说出答案。

①
```
      2   2
  ×   2   5
```
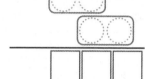

②
```
      2   4
  ×   2   8
```
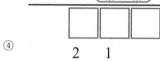

③
```
      2   3
  ×   2   9
```

④
```
      2   1
  ×   2   6
```

⑤
```
      2   7
  ×   2   6
```

⑥
```
      2   2
  ×   2   2
```

⑦
```
      2 . 4
  ×   2   4
```

⑧
```
      2 . 8
  ×   2   3
```

⑨
```
    0 . 2   6
  ×       2   9
```

⑩
```
    0 . 2   5
  ×       2   1
```

答案见下一页

12 三位数乘法也能快速解答
个位上的数字之和为 10 时，两数相乘的心算技巧 提高篇

碰到像 127×123 这样，个位上的数字之和为 10（此处 7+3=10），且其他位数上的数相同（此处为 12）的两个三位数相乘时，利用下面介绍的心算技巧可以瞬间求出答案。

① 先在脑海中列出 127×123 的竖式计算过程，然后想象竖式中有如图所示的 2 处空格。

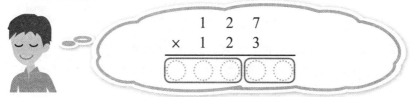

② 使用"从 11 到 19 的二位数乘法心算技巧"，将（百位连同十位上的数）×（比百位连同十位上的数大 1 的数）的计算结果填在左下处的空格中，注意数字挨着右侧填写。12×13=156

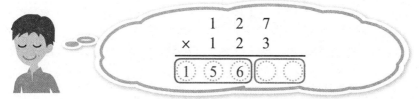

③ 将个位上的数相乘的计算结果填在右下处的空格中，注意数字挨着右侧填写。7×3=21 因此答案为 15621。

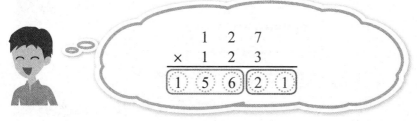

145^2、265^2 分 别 表 示 145×145、265×265， 以 及 像 234×236、221×229 这样个位上的数相加之和为 10、百位和十位上的数相同的两数相乘的计算，也能使用这种心算技巧。比如 234×236。

① 在脑海中列出 234×236 的竖式计算过程，然后想象竖式中有如下图所示的 2 处空格。

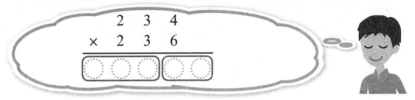

② 使用"从 21 到 29 的二位数相乘的心算技巧"，将（百位连同十位上的数）×（比百位连同十位上的数大 1 的数）的计算结果填在左下处的空格中，注意数字挨着右侧填写。$23 \times 24 = 552$

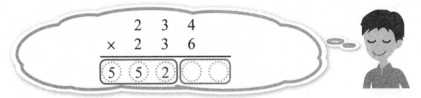

③ 将个位上的数相乘的计算结果填在右下处的空格中，注意数字挨着右侧填写。$4 \times 6 = 24$
因此答案为 55224。

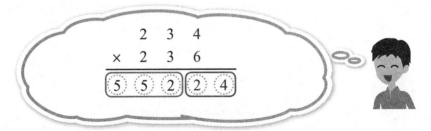

　*如果利用第 4 章的"二位数相乘的心算"，还可以计算更多类型的数字相乘的问题。

心算技巧的原理

以 127×123 为例，了解一下背后的计算原理。

$$127 \times 123 = (120 + 7) \times (120 + 3)$$
$$= 120 \times 120 + 120 \times 3 + 120 \times 7 + 7 \times 3$$
$$= 120 \times (120 + 3 + 7) + 7 \times 3 \quad \longleftarrow \text{个位上的数相乘}$$
$$= 120 \times 130 + 7 \times 3$$
$$= 12 \times 13 \times 100 + 7 \times 3$$

↑（百位连同十位上的数）×（比百位连同十位上的数大 1 的数）

$$= 156 \times 100 + 21 \quad \longleftarrow \text{最终结果的前三位数 156、后两位数 21 出场}$$
$$= 15621$$

计算过程的文字说明如下。

将其中一个三位数百位上的数设为 a、十位上的数设为 b、个位上的数设为 c，另一个三位数百位上的数同为 a、十位上的数同为 b，其个位上的数设为 d，如此这两个三位数可以分别用 $100a+10b+c$、$100a+10b+d$ 来表示（因为个位上的数相加等于 10，所以 $c+d=10$）。这两个数相乘的算式如下。

$$(100a + 10b + c) \times (100a + 10b + d)$$
$$=(100a + 10b)^2 + d(100a + 10b) + c(100a + 10b) + cd$$
$$=(100a + 10b)^2 + (c + d)(100a + 10b) + cd$$
$$=(100a + 10b)^2 + 10(100a + 10b) + cd \quad \longleftarrow \text{代入 } c+d=10$$
$$=(100a + 10b)(100a + 10b + 10) + cd$$
$$=(10a + b)(10a + b + 1) \times 100 + cd$$

$(10a+b)(10a+b+1) \times 100$ 正是（十位上的数）×（比十位上的数大 1 的数）的计算结果所表达的前三位数的含义，而 d 正是最终结果的后两位数。

心算练习

练一练，试着 3 秒钟说出答案。

① 　1　3　2
× 　1　3　8

② 　1　4　5
× 　1　4　5

③ 　2　2　9
× 　2　2　1
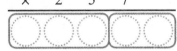

④ 　2　5　3
× 　2　5　7

⑤ 　1　1　6
× 　1　1　4

⑥ 　1　5　1
× 　1　5　9

⑦ 　1　6　5
× 　1　6　5

⑧ 　1　7　3
× 　1　7　7

⑨ 　2　4　8
× 　2　4　2

⑩ 　2　1　5
× 　2　1　5

⑪ 　2　6　6
× 　2　6　4

⑫ 　2　7　1
× 　2　7　9

答案见下一页

第3章 5秒钟心算

1 先观察除号左右两边的数再计算
除法的心算技巧

有的除法计算一眼就能看出答案，但是有的计算起来比较麻烦。碰到这些比较麻烦的除法题时，不要着急，想一想下面介绍的心算技巧能不能使用。首先介绍的是"拆分除数法"。该方法通过将除数拆分成两个较小的数相乘的形式，达到让计算更简单的目的。下面以 960÷64 为例进行说明。

除数 64 可以拆分成 8×8，而被除数正好可以被 8 除尽。

$$960 \div 64 = 960 \div 8 \div 8 \quad \leftarrow \text{拆分除数}$$
$$64 = 8 \times 8$$
$$= 120 \div 8 \quad \leftarrow \text{计算 } 960 \div 8$$
$$= 15 \quad \leftarrow \text{计算 } 120 \div 8$$

答案为 15。

　*上述计算，也可以按照 120÷8=120÷4÷2=30÷2=15 的思路进行。

864÷48 的计算步骤如下。

除数 48 可以拆分成 8×6，而被除数正好可以被 8 除尽。

$$864 \div 48 = 864 \div 8 \div 6 \quad \leftarrow \text{考虑到}$$
$$48 = 8 \times 6$$
$$= 108 \div 6 \quad \leftarrow \text{计算 } 864 \div 8$$
$$= 18 \quad \leftarrow \text{计算 } 108 \div 6$$

答案为 18。

第 78 页答案

❶ 18216　❷ 21025　❸ 50609　❹ 65021　❺ 13224　❻ 24009　❼ 27225　❽ 30621　❾ 60016　❿ 46225　⓫ 70224　⓬ 75609

接下来介绍的是"汉堡式除法"。该心算技巧通过在被除数和除数之间插入具有特殊性质的数进行计算，就像两片面包之间夹着肉的汉堡一样。

找出一个既是被除数 720 的约数（能将 720 除尽的数）、同时也是除数 45 的倍数（整数和 45 相乘得到的数）的数。该数是即上述"有特殊性质的数"。这样的数未必只有一个，这里引入 90 试一试。

$$720 \div 45 = 720 \div 90 \times 90 \div 45$$

除以 90 的同时乘以 90

$$= 8 \times 2 \quad \longleftarrow \quad 720 \div 90 = 8$$
$$90 \div 45 = 2$$
$$= 16$$

答案为 16。

1800 ÷ 75 的计算步骤如下。

找出一个既是被除数 1800 的约数（能将 1800 除尽的数）、同时也是除数 75 的倍数（整数和 75 相乘得到的数）的数。该数即上述"有特殊性质的数"。这里引入 150 试一试。

$$1800 \div 75 = 1800 \div 150 \times 150 \div 75$$

除以 150 同时乘以 150

$$= 12 \times 2 \quad \longleftarrow \quad 1800 \div 150 = 12$$
$$150 \div 75 = 2$$
$$= 24$$

答案为 24。

最后介绍的是计算中有小数的情况。这种情况下，可以先将被除数和除数同时乘以 10、100，再使用心算技巧。比如 94.5÷6.3。

将被除数和除数同时乘以 10，再应用"拆分除数法"。

$$94.5 \div 6.3 = 945 \div 63 \quad \longleftarrow \quad \text{计算 } 94.5 \times 10 \text{ 以及 } 6.3 \times 10$$
$$= 945 \div 9 \div 7 \quad \longleftarrow \quad \text{拆分除数 } 63 = 9 \times 7$$
$$= 105 \div 7 \quad \longleftarrow \quad \text{计算 } 945 \div 9$$
$$= 15 \quad \longleftarrow \quad \text{计算 } 105 \div 7$$

答案为 15。

5.6÷0.16 的计算步骤如下。

将被除数和除数同时乘以 100，再应用"汉堡式除法"。找出一个既是被除数 560 的约数（能将 560 除尽的数）、同时也是除数 16 的倍数（整数和 16 相乘得到的数）的数。该数即上述"有特殊性质的数"。这里引入 80 试一试。

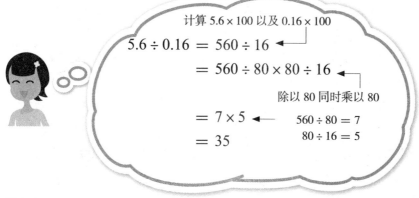

$$5.6 \div 0.16 = 560 \div 16 \quad \longleftarrow \quad \text{计算 } 5.6 \times 100 \text{ 以及 } 0.16 \times 100$$
$$= 560 \div 80 \times 80 \div 16 \quad \longleftarrow$$
$$\text{除以 80 同时乘以 80}$$
$$= 7 \times 5 \quad \longleftarrow \quad \begin{aligned} 560 \div 80 &= 7 \\ 80 \div 16 &= 5 \end{aligned}$$
$$= 35$$

答案为 35。

练一练，试着 5 秒钟说出答案。

① 828 ÷ 36

② 918 ÷ 27

③ 1680 ÷ 56

④ 1080 ÷ 24

⑤ 3900 ÷ 65

⑥ 1700 ÷ 85

⑦ 1400 ÷ 35

⑧ 2700 ÷ 45

⑨ 756 ÷ 42

⑩ 672 ÷ 28

⑪ 900 ÷ 75

⑫ 4400 ÷ 55

⑬ 165.6 ÷ 7.2

⑭ 12.48 ÷ 0.48

⑮ 570 ÷ 9.5

⑯ 27 ÷ 0.18

⑰ 18.63 ÷ 0.81

⑱ 91.8 ÷ 5.4

⑲ 35 ÷ 0.14

⑳ 5.8 ÷ 0.145

㉑ 784 ÷ 49

㉒ 1400 ÷ 56

答案见下一页

2

找出隐藏的 8

数字乘以 125 的心算技巧

你能立刻想到 96×25 的答案吗? 下面介绍的是数字乘以 25 或 125 等情况下使用的心算技巧。

＜数字乘以 25 时＞

将和 25 相乘的数转换成□ ×4 的形式,利用 25×4=100 这个特性进行计算。
(例) 96×25

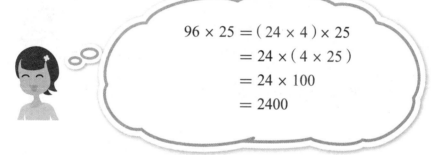

$$96 \times 25 = (24 \times 4) \times 25$$
$$= 24 \times (4 \times 25)$$
$$= 24 \times 100$$
$$= 2400$$

乘数为 2.5 或 0.25 时,可以将数字和 25 相乘的结果除以 10 或 100。
(例) 72×2.5

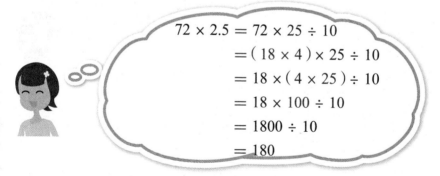

$$72 \times 2.5 = 72 \times 25 \div 10$$
$$= (18 \times 4) \times 25 \div 10$$
$$= 18 \times (4 \times 25) \div 10$$
$$= 18 \times 100 \div 10$$
$$= 1800 \div 10$$
$$= 180$$

接下来介绍数字乘以 125 的心算技巧。

< 数字乘以 125 时 >

将和 125 相乘的数转换成 □ ×8 的形式, 利用 125×8=1000 这个特性进行
计算。

（例）640×125

$$
\begin{aligned}
640 \times 125 &= (80 \times 8) \times 125 \\
&= 80 \times (8 \times 125) \\
&= 80 \times 1000 \\
&= 80000
\end{aligned}
$$

与乘数为 25 时的情况相同, 当乘数为 12.5 或 1.25 时也可以使用上述方法。

（例）560×12.5

$$
\begin{aligned}
560 \times 12.5 &= 560 \times 125 \div 10 \\
&= (70 \times 8) \times 125 \div 10 \\
&= 70 \times (8 \times 125) \div 10 \\
&= 70 \times 1000 \div 10 \\
&= 70000 \div 10 \\
&= 7000
\end{aligned}
$$

（例）320×1.25

$$
\begin{aligned}
320 \times 1.25 &= 320 \times 125 \div 100 \\
&= (40 \times 8) \times 125 \div 100 \\
&= 40 \times (8 \times 125) \div 100 \\
&= 40 \times 1000 \div 100 \\
&= 40000 \div 100 \\
&= 400
\end{aligned}
$$

最后介绍一下数字乘以 75 的心算技巧

＜数字乘以 75 时＞

将和 75 相乘的数转换成□×4 的形式，同时将 75 转换成 25×3 的形式，利用 25×4=100 这个特性进行计算。

（例）404×75

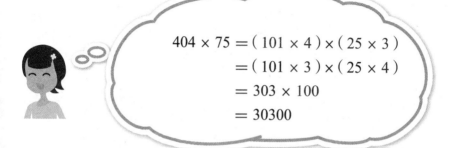

$$404 \times 75 = (101 \times 4) \times (25 \times 3)$$
$$= (101 \times 3) \times (25 \times 4)$$
$$= 303 \times 100$$
$$= 30300$$

数字和 7.5 或 0.75 这样的小数相乘情况是怎样的呢？一起来看一下。

（例）248×7.5

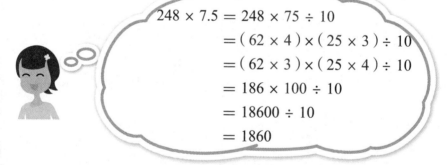

$$248 \times 7.5 = 248 \times 75 \div 10$$
$$= (62 \times 4) \times (25 \times 3) \div 10$$
$$= (62 \times 3) \times (25 \times 4) \div 10$$
$$= 186 \times 100 \div 10$$
$$= 18600 \div 10$$
$$= 1860$$

（例）164×0.75

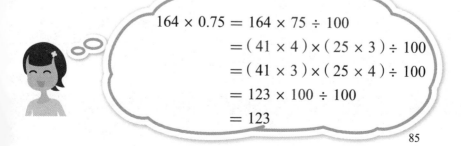

$$164 \times 0.75 = 164 \times 75 \div 100$$
$$= (41 \times 4) \times (25 \times 3) \div 100$$
$$= (41 \times 3) \times (25 \times 4) \div 100$$
$$= 123 \times 100 \div 100$$
$$= 123$$

练一练，试着 5 秒钟说出答案。

① 84 × 25

② 240 × 25

③ 68 × 25

④ 488 × 25

⑤ 88 × 125

⑥ 168 × 125

⑦ 352 × 125

⑧ 720 × 125

⑨ 520 × 75

⑩ 920 × 75

⑪ 412 × 2.5

⑫ 1120 × 1.25

⑬ 736 × 12.5

⑭ 364 × 7.5

答案见下一页

休息片刻

井里的蜗牛

10m 深的井里有一只蜗牛。这只蜗牛白天沿着井的内壁向上爬 3m，但是晚上会向下滑落 2m。请问这只蜗牛从开始爬的那天算，第几天可以爬出井呢？

有人会想："每爬上 3m 就会滑落 2m，所以每天能往上爬 1m，爬上 10m 的话则需要 10 天。"是这样的吗？答案是否定的。仔细想一下，蜗牛第 1 天可以向上爬到 3m 的位置，第 2 天可以爬到 4m 的位置，第 3 天可以爬到 5m 的位置……这样一来，第 8 天就可以爬到 10m 的位置了，即爬上地面。由此可知，答案为第 8 天。

3

各个数位上数字都相同的情况下计算更快

乘数各个数位上的数相同时的心算技巧

当乘数为 33、55、77 这样各个数位上的数都相同的二位数时，可使用下面介绍的心算技巧。各个数位上的数都相同的二位数，比如像 33=3×11、55=5×11 这样，均为 11 的倍数。因此，这种情况下可以使用"数字乘以 11 的心算技巧"。首先以 12×44 为例进行说明。

① 先将各个数位上的数都相同的二位数转换成□×11 的形式，并对整个算式进行调整，使其能利用"数字乘以 11 的心算技巧"。

$$12 \times 44 = 12 \times (4 \times 11)$$
$$= (12 \times 4) \times 11$$
$$= 48 \times 11$$

② 想象一下，把和 11 相乘的数 48 像开门一样往两边移开，中间空一格。空格的数量即为和 11 相乘的数的位数减去 1。此处和 11 相乘的数为 48 是二位数，所以空格的数量为 2-1=1（个）。

$$4 \quad \boxed{} \quad 8$$

③ 将 4 和 8 相加。4+8=12 需要向前进一位。

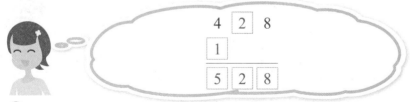

$$\begin{array}{ccc} 4 & \boxed{2} & 8 \\ & \boxed{1} & \\ \hline \boxed{5} & \boxed{2} & \boxed{8} \end{array}$$

④ 答案为 528。

第 86 页答案

❶ 2100　❷ 6000　❸ 1700　❹ 12200　❺ 11000　❻ 21000　❼ 44000　❽ 90000　❾ 39000　❿ 69000　⓫ 1030　⓬ 1400　⓭ 9200　⓮ 2730

87

1 将各个位数上的数相同的二位数转换成 □ × 11 的形式。

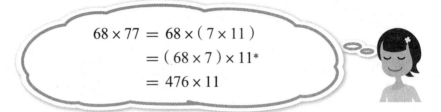

$$68 \times 77 = 68 \times (7 \times 11)$$
$$= (68 \times 7) \times 11*$$
$$= 476 \times 11$$

* 计算 68 × 7 时可以利用 "二位数和一位数相乘的心算技巧"。

1. 将二位数十位上的数（此处为 6）乘以一位数（此处为 7）。6 × 7=42

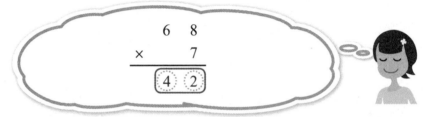

2. 将二位数个位上的数（此处为 8）乘以一位数（此处为 7），把结果填在如图所示的向右错开位置的空格中，注意数字挨着右侧填写，最后将两处空格中的数上下相加。7 × 8=56

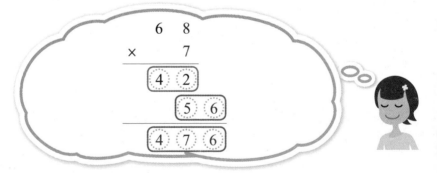

3. 由此得出答案：68 × 7=476

② 把和 11 相乘的数 47 右端的数（此处为 6）直接列在下方，然后将个位
上的数和十位上的数相加。6+7=13 再将相加结果个位上的数（此处为 3）
列在其旁边，且因为 13 是十位数需要向前进一位。

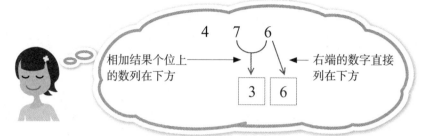

③ 将十位上的数和百位上的数相加。7+4=11 再将该结果和上个步骤中进位
的 1 相加。11+1=12 然后将相加结果个位上的数 2 列在步骤②中数字的
旁边。因为 12 是十位数，需要向前进一位。

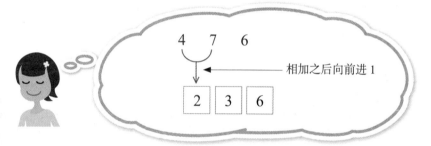

④ 将 476 左端的数字（此处为 4）和步骤③中进位的 1 相加，得出的结果
列在方格最左边。这样就完成计算了。4+1=5

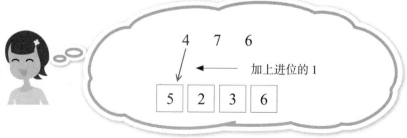

⑤ 答案为 5236。

心算练习

练一练，试着 5 秒钟说出答案。

① 36 × 22

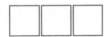

② 17 × 33

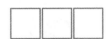

③ 15 × 55

④ 13 × 66

⑤ 63 × 77

⑥ 41 × 88

⑦ 39 × 44

⑧ 76 × 66

答案见下一页

休息片刻

495

请在脑海中想象一个三位数，注意这个数要区别于 333 或 777 这样所有数位上的数都相同的数。然后对这个三位数各个数位上的数重新排列，并用其中最大的数减去最小的数。对相减得出的答案仍然进行上一步的操作。这样反复操作几次之后得到的数字是什么呢？以数字 951 为例计算一下。951–159=792 → 972–279=693 → 963–369=594 → 954–459=495 最后得到的数字是"495"。这之后不管重复操作多少次，答案仍然是"495"。很神奇吧！这种操作过程称为"卡不列克运算"，通过这个运算可以在四位数、五位数以及更多位数的数中找出一个固定的数。请试着找出四位数中这样的数。

4 看出数字和 1000 的差值就能得出答案的心算技巧
两个接近 1000 的数相乘的心算技巧

下面介绍的是两个接近 1000 的数相乘时使用的心算技巧。
当数字和 1000 的差值在 9 以内时，可以使用该技巧。首先，
针对两个比 1000 小的数相乘的情况，以 996×998 为例进
行说明。

① 列出 996 和 998 相乘的竖式，同时在每个数旁边列出其和 1000 的差值
（ 996 和 1000 的差值为 4，998 和 1000 的差值为 2 ）。因为 996 和 998
均比 1000 小，所以在差值旁标上负号。

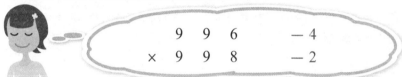

```
        9  9  6      — 4
   ×    9  9  8      — 2
```

② 想象在差值下方有一个三位数的空格，将差值上下相乘的结果（此处即
4×2=8 ）填入空格中，注意数字挨着右侧填写。因为是三位数的空格，
所以补出 0 写成 008。

```
        9  9  6      — 4
   ×    9  9  8      — 2
   ────────────────────────
                  ( 0  0  8 )
```

③ 将接近 1000 的数和上面求出的与 1000 的差值进行交叉加减计算（ 996-
2=994，或 998-4=994 ）。将求出的数填入步骤 2 中空格的左边，注意数
字挨着右侧填写。由此得出答案为 994008。

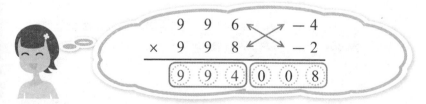

```
        9  9  6          — 4
   ×    9  9  8          — 2
   ────────────────────────────
   ( 9  9  4 )( 0  0  8 )
```

第 90 页答案
❶ 792 ❷ 561 ❸ 825 ❹ 858 ❺ 4851 ❻ 3608 ❼ 1716 ❽ 5016

91

接下来，针对两个比 1000 大的数相乘的情况，以 1003 × 1005
为例进行说明。

1 列出 1003 和 1005 相乘的竖式，同时在每个数旁边列出其和 1000 的差
值（1003 和 1000 的差值为 3，1005 和 1000 的差值为 5）。因为 1003
和 1005 均比 1000 大，所以在差值旁标上正号。

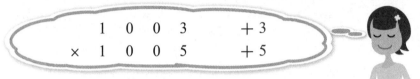

2 将差值上下相乘的结果（此处即 3×5=15）填入前面介绍过的下方空格中，
注意数字挨着右侧填写。

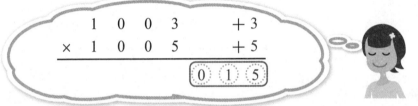

3 进行前面所介绍的交叉加减计算（1003+5=1008，或 1005+3=1008）。
将求出的数填入步骤 2 中空格的左边，注意数字挨着右侧填写。由此得出
答案为 1008015。

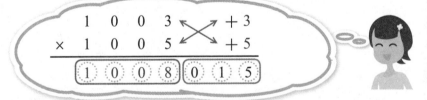

最后，针对一个比 1000 大和一个比 1000 小的两个数相乘的
情况，以 997 × 1007 为例进行说明。

1 列出两个数相乘的竖式以及其和 1000 的差值。

2 虽然差值上下相乘的结果为 3×7=21，但是在一个比 1000 大的数和一个比 1000 小的数相乘的情况下，下方空格中填入的数不是 21，而是 21 相对于 1000 的补数（即和 21 相加等于 1000 的数）979。

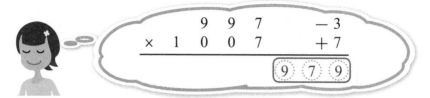

3 进行上文介绍的交叉加减计算（997+7=1004，或 1007-3=1004）。将求出的数减去 1 后填入步骤②中空格的左边，注意数字挨着右侧填写。1004-1=1003 因此答案为 1003979。

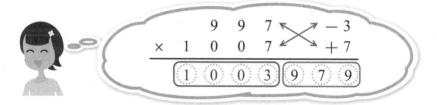

心算技巧的原理

以 996×998 为例，了解一下背后的计算原理。

$$996 \times 998 = (1000-4) \times (1000-2)$$
$$= 1000 \times 1000 - 1000 \times 2 - 1000 \times 4 + 4 \times 2$$
$$= 1000 \times (1000-2-4) + 4 \times 2$$
$$= 1000 \times (996-2) + 4 \times 2$$

由此可知，先计算两个数其中一方减去另一方与 1000 的差值（996-2），因为错开三个数位，实际表示 [(98-3)×1000]，再将两个数与 1000 的差值相乘（4×2），最后将两次计算的结果相加即得出答案。

$$= 994008$$

93

心算练习

练一练，试着 5 秒钟说出答案。

①
```
    9  9  3
×   9  9  5
```

②
```
    9  9  7
×   9  9  2
```

③
```
  1  0  0  4
× 1  0  0  8
```

④
```
  1  0  0  6
× 1  0  0  3
```

⑤
```
    9  9  4
× 1  0  0  2
```

⑥
```
    9  9  2
× 1  0  0  5
```

⑦
```
    9  9  1
×   9  9  8
```

⑧
```
  1  0  0  8
× 1  0  0  1
```

⑨
```
  1  0  0  9
× 1  0  0  2
```

⑩
```
    9  9  5
× 1  0  0  7
```

答案见下一页

5 三位数乘以一位数的心算技巧

三位数的乘法应该从中间的数入手

下面介绍的是三位数和一位数相乘时使用的心算技巧。首先以 763 × 4 为例对该技巧进行说明。

① 将三位数十位上的数（此处为 6）和一位数（此处为 4）相乘。6×4=24

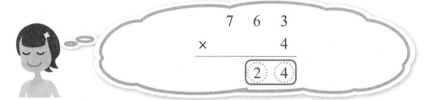

② 将三位数个位上的数（此处为 3）和一位数（此处为 4）相乘，把结果填在如图所示的向右错开位置的空格中，注意数字挨着右侧填写。3×4=12

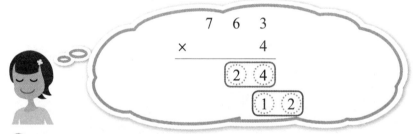

③ 将空格最右边的两个数位上的数上下相加。得出的数即 763×4 计算最终结果的后两位上的数。

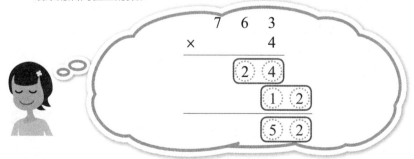

95

④ 将三位数百位上的数（此处为 7）和一位数（此处为 4）相乘，把结果填在如图所示的向右错开位置的空格中，注意数字挨着右侧填写。7 × 4=28

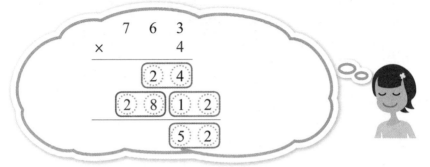

⑤ 和步骤③相同，将两处空格中的数上下相加。得出的数即 763 × 4 计算最终结果的前两位上的数。因此答案为 3052。

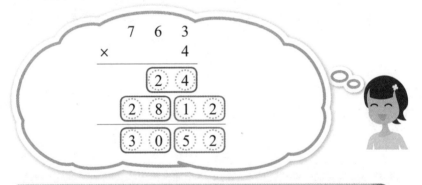

接下来看一下需要进位的情况，以 589 × 7 为例。

① 进行和上文步骤①②相同的操作。

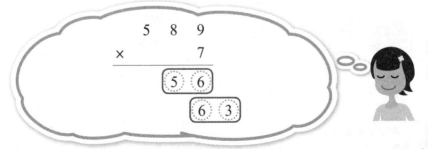

② 将空格最右边的两个数位上的数上下相加。得出的数即 589×7 计算最终结果的后两位上的数。

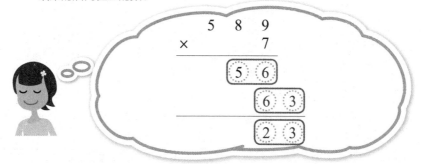

③ 从空格最右边数第二个数位上的数相加的结果（6+6=12）为二位数，需要向前进 1。然后将进位的 1 和从空格最右边数第三个数位上的数 5 相加。1+5=6

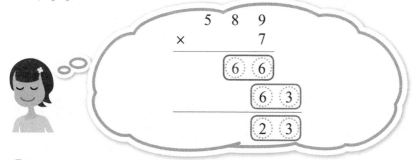

④ 将三位数百位上的数（此处为 5）和一位数（此处为 7）相乘，把结果填在如图所示位置的空格中，注意数字挨着右侧填写。5×7=35
然后和步骤②相同，将两处空格中的数字上下相加。得出的数即 589×7 计算最终结果的前两位上的数。答案为 4123。

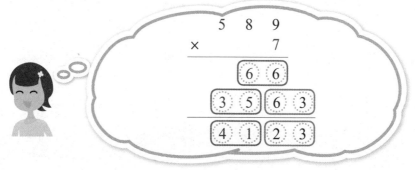

练一练，试着 5 秒钟说出答案。

①
```
    2   4   3
×           8
```
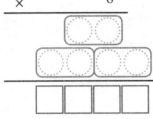

②
```
    3   7   6
×           4
```

③
```
    6   3   4
×           7
```

④
```
    8   5   2
×           8
```

⑤
```
    5   6   7
×           3
```

⑥
```
    4   9   7
×           8
```

⑦
```
    7   2   5
×           6
```

⑧
```
    9   3   7
×           4
```

⑨
```
    4   4   8
×           7
```

⑩
```
    2   8   9
×           6
```

答案见下一页

6 这就是计算法则的利用方法！
利用计算法则的心算技巧

下面介绍的方法是利用在中学学习的计算法则，将复杂的计算转换成简单的计算。首先介绍的是利用 $AB+AC=A(B+C)$ 的心算技巧。

<18 × 102>

要点是数字重组：102=100+2

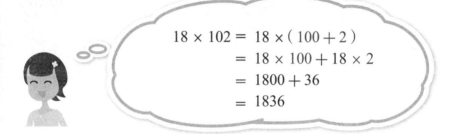

$$18 \times 102 = 18 \times (100 + 2)$$
$$= 18 \times 100 + 18 \times 2$$
$$= 1800 + 36$$
$$= 1836$$

<68 × 880+68 × 120>

因为 68 在算式中出现了两次，所以本题重点关注 880+120=1000。

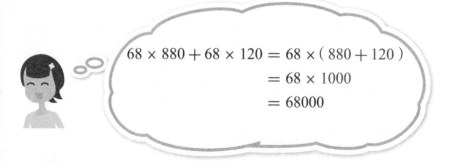

$$68 \times 880 + 68 \times 120 = 68 \times (880 + 120)$$
$$= 68 \times 1000$$
$$= 68000$$

* 计算中要善于找出像 100 和 1000 这样方便心算的数。

第 98 页答案

❶ 1944 ❷ 1504 ❸ 4438 ❹ 6816 ❺ 1701 ❻ 3976 ❼ 4350 ❽ 3748 ❾ 3136 ❿ 1734

接下来介绍的是利用 $(A+B) \times (A-B) = A^2 - B^2$ 的心算技巧。
（A^2 表示 A 乘 A，B^2 表示 B 乘 B）

<2008 × 1992>

重点关注：2008=2000+8，1992=2000-8。

$$2008 \times 1992 = (2000 + 8) \times (2000 - 8)$$
$$= 2000^2 - 8^2$$
$$= 2000 \times 2000 - 8 \times 8$$
$$= 4000000 - 64$$
$$= 3999936$$

<65 × 135>

重点关注：65=100-35，135=100+35。

$$65 \times 135 = (100 - 35) \times (100 + 35)$$
$$= 100^2 - 35^2$$
$$= 100 \times 100 - 35 \times 35$$
$$= 10000 - 1225$$
$$= 8775$$

*35 × 35 的计算可以使用"个位上的数字之和为 10 时，两数相乘的心算技巧"。

<635 × 635−365 × 365>

重点关注：635+365=1000。

$$635 \times 635 - 365 \times 365$$
$$= (635 + 365) \times (635 - 365)$$
$$= 1000 \times 270$$
$$= 270000$$

接下来介绍的是利用 $(A+B)^2 = A^2 + 2AB + B^2$ 的心算技巧。[$(A+B)^2$ 表示 $(A+B) \times (A+B)$，A^2 表示 A 乘 A，B^2 表示 B 乘 B]

<407^2 或 407×407>

重组数字：407=400+7，然后利用计算法则。

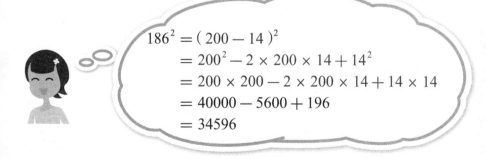

$$407^2 = (400 + 7)^2$$
$$= 400^2 + 2 \times 400 \times 7 + 7^2$$
$$= 400 \times 400 + 2 \times 400 \times 7 + 7 \times 7$$
$$= 160000 + 5600 + 49$$
$$= 165649$$

最后介绍的是在 + 变成 − 的情况下，利用 $(A-B)^2 = A^2 - 2AB + B^2$ 的心算技巧。

<186^2 或 186×186>

重组数字：186=200−14，然后利用计算法则。

$$186^2 = (200 - 14)^2$$
$$= 200^2 - 2 \times 200 \times 14 + 14^2$$
$$= 200 \times 200 - 2 \times 200 \times 14 + 14 \times 14$$
$$= 40000 - 5600 + 196$$
$$= 34596$$

*14 × 14 的计算可以利用 "从 11 到 19 的二位数乘法心算技巧" 或者第 4 章的 "相同数字相乘的心算技巧"。

心算练习

练一练，试着 5 秒钟说出答案。

① 15×203

② 18×105

③ 23×302

④ 13×406

⑤ $37 \times 390 + 37 \times 610$

⑥ $84 \times 260 + 16 \times 260$

⑦ $482 \times 52 + 48 \times 482$

⑧ $94 \times 720 + 280 \times 94$

⑨ 508×492

⑩ 193×207

⑪ 315×285

⑫ 3001×2999

⑬ 112×112

⑭ 296×296

⑮ 301×301

⑯ 975×975

答案见下一页

第4章 二位数相乘的心算

1 终极心算技巧！二位数乘法计算登场①

二位数 × 二位数的心算技巧 基础篇

下面介绍的是能简单、快速计算有难度的二位数相乘的心算技巧。首先以 32 × 46 为例进行说明。

① 先列出 32 和 46 相乘的竖式，想象竖式中有如图所示的 3 处空格。

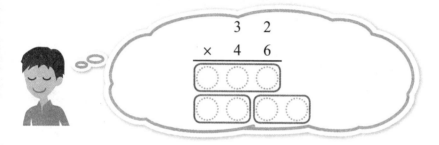

② 把数字交叉相乘的结果相加，得出的数填入横线下方第一排的空格中，注意数字挨着右侧填写。

$3 × 6 + 4 × 2 = 18 + 8 = 26$

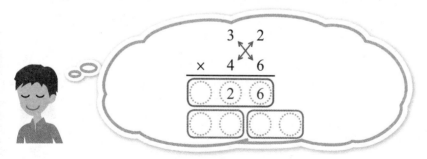

第 102 页答案

❶3045 ❷1890 ❸ 6946 ❹ 5278 ❺ 37000 ❻ 26000 ❼48200 ❽ 94000 ❾ 249936 ❿39951
⓫ 89775 ⓬8999999 ⓭12544 ⓮87616 ⓯90601 ⓰950625

③ 将个位上的数相乘，填入横线下第二排右边的空格中，注意数字挨着右侧填写。2×6=12

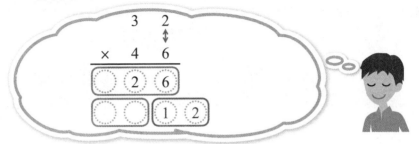

④ 将空格最右边两个数位上的数上下相加。得出的二位数即 32×46 计算最终结果后两位上的数。

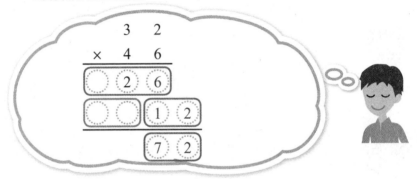

⑤ 将最初算式十位上的数相乘（此处为 3×4=12），把计算结果填入横线下第二排左边的空格中。和步骤④一样，将相同数位上的数上下相加，12+2=14 得出的 14 即 32×46 计算最终结果前两位上的数。

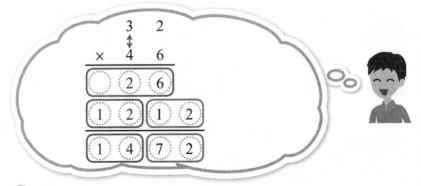

⑥ 答案为 1472。

接下来通过和前面类型稍有差异的计算再验证一下该方法。
以 42 × 21 为例。

1 将数字交叉相乘，再把相乘的结果相加。4 × 1 + 2 × 2 = 8

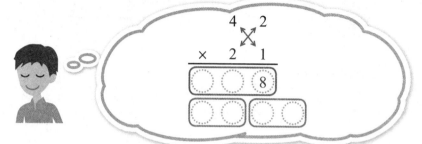

2 将个位上的数相乘（2 × 1 = 2），把结果填入横线下方第二排右边的空格中，
然后将右边两个数位上的数上下相加，确定最终结果后两位上的数。

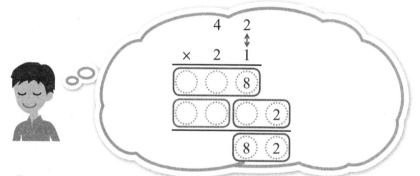

3 将十位上的数相乘（4 × 2 = 8），把结果填入横线下方第二排左边的空格中，
然后将左边两个数位上的数上下相加，确定最终结果前两位上的数（此处
只有前一位）。

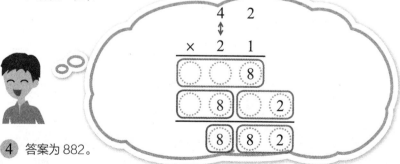

4 答案为 882。

心算练习

练一练，试着 5 秒钟说出答案。

①
```
    3  6
×   2  7
```
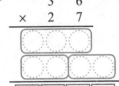

②
```
    5  8
×   2  4
```

③
```
    1  3
×   9  5
```

④
```
    4  9
×   6  2
```

⑤
```
    7  9
×   3  4
```

⑥
```
    5  6
×   8  2
```
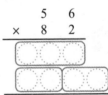

⑦
```
    6  7
×   4  3
```

⑧
```
    7  6
×   1  4
```

⑨
```
    8  5
×   9  1
```

⑩
```
    3  8
×   2  5
```

⑪
```
    1  8
×   2  7
```

⑫
```
    5  3
×   3  9
```

106

2 二位数 × 二位数的心算技巧 提高篇

终极心算技巧！二位数乘法计算登场②

下面学习的是需要进位的二位数 × 二位数的心算技巧。只要掌握这个技巧，你就是心算达人！一起用心学吧！首先以 64 × 58 为例进行说明。

① 先列出 64 和 58 相乘的竖式，想象竖式中有如图所示的 3 处空格。

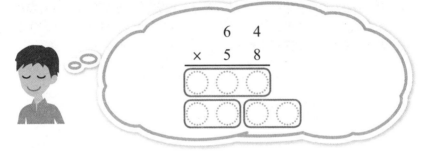

② 把数字交叉相乘的结果相加，得出的数填入横线下方第一排的空格中，注意数字挨着右侧填写。

6 × 8 + 5 × 4 = 48 + 20 = 68

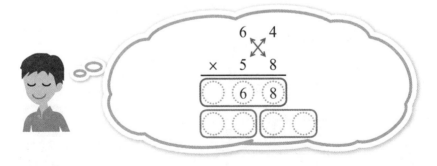

第 106 页答案

❶ 972　❷ 1392　❸ 1235　❹ 3038　❺ 2686　❻ 4592　❼ 2881　❽ 1064　❾ 7735　❿ 950　⓫ 486　⓬ 2067

③ 接下来，将个位上的数相乘，填入横线下第二排右边的空格中，注意数字挨着右侧填写。4×8=32

④ 将空格最右边两个数位上的数上下相加。得出的二位数即 64×58 计算最终结果后两位上的数。此时，右数第二个数位上的数相加（8+3=11）结果是二位数，需要向右数第三个数位的 6 上进 1。6+1=7

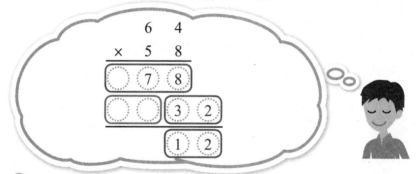

⑤ 将最初算式十位上的数相乘（此处为 6×5=30），把计算结果填入横线下第二排左边的空格中。和步骤④一样，将相同数位上的数上下相加。30+7=37 得出的 37 即 64×58 计算最终结果前两位上的数。

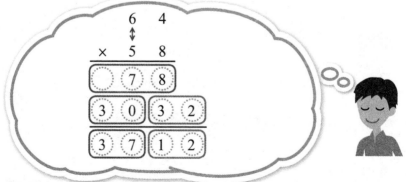

⑥ 答案为 3712。

接下来通过和前面类型稍有差异的计算再验证一下该方法。
以 79 × 85 为例。

1 将数字交叉相乘，再把相乘的结果相加。7×5+8×9=107 将个位上的数相乘，把结果填入横线下方第二排右边的空格中，注意数字挨着右侧填写。
9×5=45

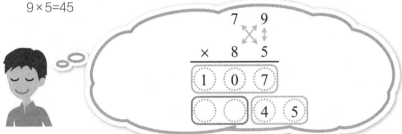

2 将最右边两个数位上的数上下相加，确定最终结果后两位上的数，同时将进位的 1 与右数第三个数位的 0 相加。

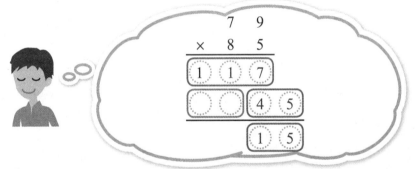

3 将十位上的数相乘（7×8=56），把结果填入横线下方第二排左边的空格中，然后将左边两个数位上的数上下相加，确定最终结果前两位上的数。
11+56=67

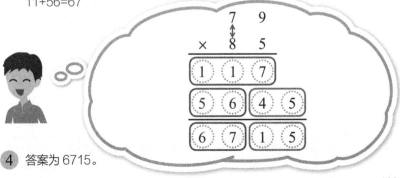

4 答案为 6715。

练一练，试着 5 秒钟说出答案。

①
```
    1 8
×   2 9
```

②
```
    1 4
×   3 6
```

③
```
    4 5
×   6 9
```

④
```
    3 8
×   5 6
```

⑤
```
    6 8
×   8 4
```

⑥
```
    9 6
×   7 4
```

⑦
```
    1 7
×   2 5
```

⑧
```
    4 3
×   1 9
```

⑨
```
    7 8
×   5 7
```

⑩
```
    6 7
×   7 5
```

⑪
```
    8 6
×   9 8
```

⑫
```
    7 9
×   8 9
```

答案见下一页

110

3 相同数字相乘的心算技巧

求解平方数，让我们一起学习快乐的解题方法吧！

> 在计算像 34^2 即 34×34 这样相同的二位数相乘时，还可以
> 使用和"二位数 × 二位数的心算技巧"稍有不同的方法。
> 下面以 34^2 为例进行说明。

① 和"二位数 × 二位数的心算技巧"相同，先想象在计算竖式中有如图所示的 3 处空格。

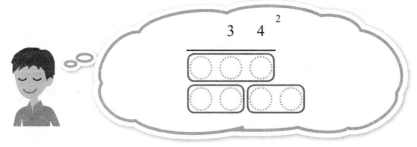

② 将十位上的数（此处为 3）和个位上的数（此处为 4）相乘，再将相乘的结果乘以 2，得出的数填入横线下方第一排的空格中，注意数字挨着右侧填写（也就是将 34^2 中出现的 3 个数 "3" "4" "2" 相乘）。

$3 \times 4 \times 2 = 24$

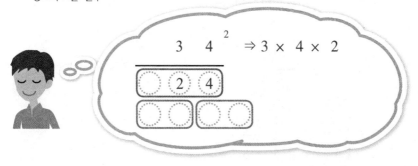

③ 接下来计算个位上的数的平方数（第二次参与乘法计算），把结果填入横线下方第二排右边的空格中，注意数字挨着右侧填写。4^2=16（4×4=16）

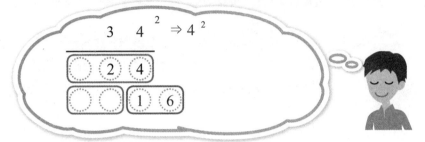

④ 将空格最右边两个数位上的数上下相加。得出的二位数即 34^2 计算最终结果后两位上的数。

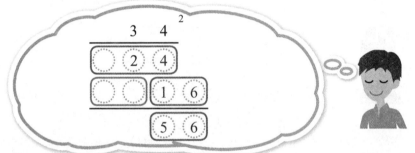

⑤ 计算最初算式十位上的数的平方数（3^2=9），把计算结果填入横线下第二排左边的空格中。和步骤④一样，将相同数位上的数上下相加。得出的二位数即342计算最终结果前两位上的数。

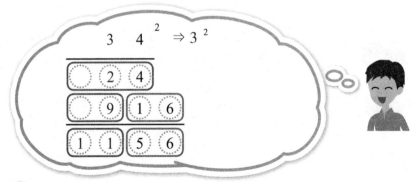

⑥ 答案为1156。

接下来通过需要进位的计算类型再验证一下该方法。以 38^2 的计算为例。

1 将 38^2 中出现的 3 个数 "3" "8" "2" 相乘。

$3 \times 8 \times 2 = 48$

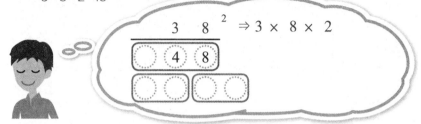

2 接下来计算个位上的数的平方数（ $8^2=64$ ），把结果填入横线下方第二排右边的空格中，并将空格最右边两个数位上的数上下相加。得出的数即最终结果后两位上的数（注意进位的情况）。

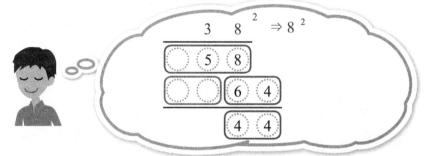

3 计算最初算式十位上的数的平方数（ $3^2=9$ ），把计算结果填入横线下第二排左边的空格中，并将相同数位上的数上下相加。得出的数即最终结果前两位上的数。

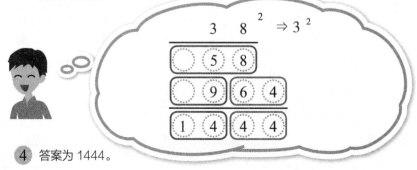

4 答案为 1444。

113

心算练习

① 4 3 ²

② 5 2 ²

③ 6 7 ²

④ 8 4 ²

⑤ 3 6 ²

⑥ 7 1 ²

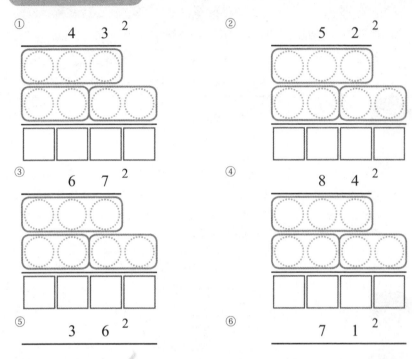

答案见下一页

休息片刻

蔡勒公式

$$D = A + \frac{A}{4} + \frac{A}{400} - \frac{A}{100} + [2.6 \times (B+1)] + C - 1$$

蔡勒公式，是一个计算星期的公式，只要给出公元 A 年 B 月 C 日就能计算出这一天是星期几。首先将已知的日期 A、B、C 代入公式求 D。注意，[ ] 代表取形，即只要正数部分。另外，在蔡勒公式中，某年的 1 月和 2 月分别看作上一年的 13 月和 14 月。下面让我们来算一下，1600 年 9 月 15 日的那一天是星期几。

$$D = 1600 + \frac{1600}{4} + \frac{1600}{400} - \frac{1600}{100} + [2.6 \times (9+1)] + 15 - 1$$
$$= 1600 + 400 + 4 - 16 + 26 + 15 - 1 = 2028$$

接下来将求出的 D 除以 7，计算余数。$2028 \div 7 = 289$ 余 5。因为余数是 5，根据下表可以得知 5 表示"星期五"。

余数	0	1	2	3	4	5	6
星期	星期天	星期一	星期二	星期三	星期四	星期五	星期六

请你也用"蔡勒公式"试一试吧。

4 小数相乘的心算技巧

小数的计算，要善用 ÷10、÷100

> 下面介绍"二位数 × 二位数的心算技巧"在小数的乘法计算中的应用。以 2.7×5.3 为例进行说明。

1 调整解题思路：2.7×5.3=27×53÷100，所以本题关键是对 27×53 进行心算。先列出 27 和 53 相乘的竖式，想象竖式中有如图所示的 3 处空格。

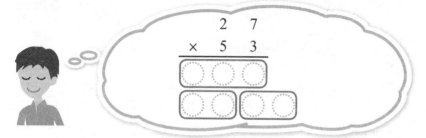

2 把数字交叉相乘的结果相加，得出的数填入横线下方第一排的空格中，注意数字挨着右侧填写。

2×3+5×7=6+35=41

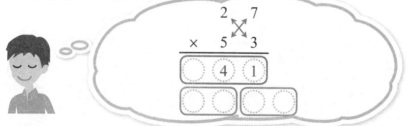

3 将个位上的数相乘，填入横线下第二排右边的空格中，注意数字挨着右侧填写。

7×3=21

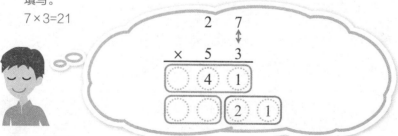

第 114 页答案

❶ 1849   ❷ 2704   ❸ 4489   ❹ 7056   ❺ 1296   ❻ 5041

115

将空格最右边两个数位上的数上下相加。得出的二位数即 27×53 计算最终结果后两位上的数。

⑤ 将最初算式十位上的数相乘（此处为 2×5=10），把计算结果填入横线下第二排左边的空格中。和步骤④一样，将相同数位上的数上下相加。10+4=14 得出的 14 即 27×53 计算最终结果前两位上的数。

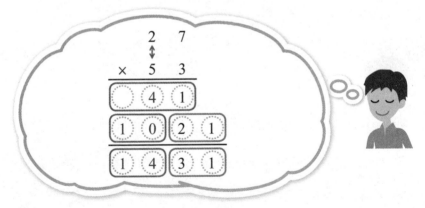

⑥ 因为 1431÷100=14.31，所以答案为 14.31。

$$1431 \div 100 = 14.31$$

接下来通过（小数）×（整数）的计算类型再验证一下该方法。
以 4.9×36 为例。

1 因为 4.9×36=49×36÷10，所以本题关键是对 49×36 进行心算。将
数字交叉相乘的结果相加。
4×6+3×9=24+27=51

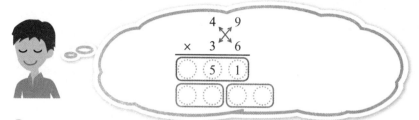

2 将个位上的数相乘（9×6=54），把结果填入横线下第二排右边的空格中，
再将空格最右边两个数位上的数上下相加。得出的二位数即最终结果后两
位上的数。

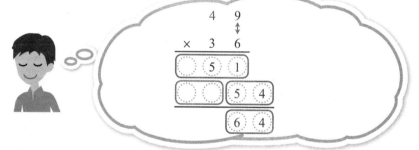

3 将最初算式十位上的数相乘（4×3=12），把计算结果填入横线下第二排
左边的空格中。再将相同数位上的数上下相加。得出的数即最终结果前两
位上的数。

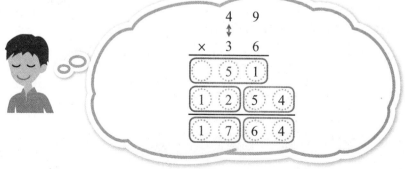

④ 因为 1764 ÷ 10 = 176.4，所以答案为 176.4。

$$1764 \div 10 = 176.4$$

心算练习

① 5.7 × 3.2

```
        5   7
  ×     3   2
```
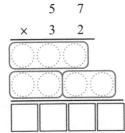

② 6.5 × 43

```
        6   5
  ×     4   3
```
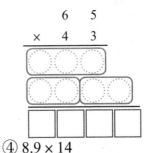

③ 7.9 × 2.4

```
        7   9
  ×     2   4
```

④ 8.9 × 14

```
        8   9
  ×     1   4
```

⑤ 4.3 × 3.2

```
        4   3
  ×     3   2
```

⑥ 9.7 × 21

```
        9   7
  ×     2   1
```

答案见下一页

总结"二位数乘法的快速计算方法"

1. 62 × 11 →《数字乘以 11 的心算技巧 基础篇》　①
2. 83 × 87 →《个位上的数字之和为 10 时，两数相乘的心算技巧 基础篇》　⑬
3. 74 × 34 →《十位上的数字之和为 10 时，两数相乘的心算技巧》　⑰
4. 46 × 99 →《数字乘以 99、999、9999 的心算技巧》　㉑
5. 17 × 18 →《从 11 到 19 的二位数乘法心算技巧》　㉛
6. 98 × 97 →《两个接近 100 的数相乘的心算技巧》　㊴
7. 23 × 26 →《从 21 到 29 的二位数乘法心算技巧》　㉑
8. 12 × 44 →《乘数各个位数上的数相同时的心算技巧》　㊆
9. 其他 →《二位数 × 二位数的心算技巧 基础篇》　⑩⑬

118

5 3个数相乘的心算技巧

将3个数的计算变成2个数的计算

3个数相乘时，稍微变通一下就可以使用"二位数 × 二位数的心算技巧"了。首先介绍的是凑 10 的计算类型，以 $45 \times 12 \times 16$ 为例进行说明。

① 先调整 $45 \times 12 \times 16$ 的形式，凑出 ×10 的形式。

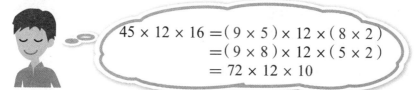

$$45 \times 12 \times 16 = (9 \times 5) \times 12 \times (8 \times 2)$$
$$= (9 \times 8) \times 12 \times (5 \times 2)$$
$$= 72 \times 12 \times 10$$

② 利用"二位数 × 二位数的心算技巧"计算 72×12。将二位数交叉相乘后再将其结果相加，得出的数填入横线下方第一排的空格中。$7 \times 2 + 1 \times 2 = 16$ 然后将个位上的数相乘，结果填入横线下方第二排右边的空格中，注意数字挨着右边填写。$2 \times 2 = 4$

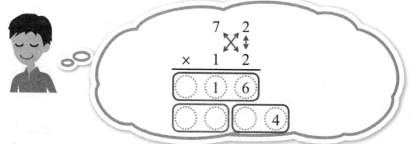

③ 将空格中最右边两个位数上的数上下相加，得出的数即最终结果后两位上的数。

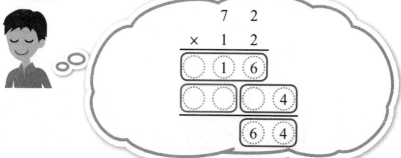

4　将十位上的数相乘（7×1=7），结果填如横线下方第二排左边的空格中，再将数字上下相加，得出的数即最终结果前两位上的数。1+7=8

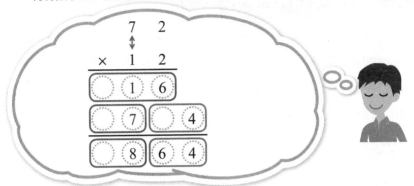

5　因为 864×10=8640，所以答案为 8640。

$$864 \times 10 = 8640$$

接下来，针对凑 100 的计算类型，以 75×28×39 为例进行说明。

1　先调整 75×28×39 的形式，凑出 ×100 的形式。

$$
\begin{aligned}
75 \times 28 \times 39 &= (3 \times 25) \times (7 \times 4) \times 39 \\
&= (3 \times 7) \times 39 \times (25 \times 4) \\
&= 21 \times 39 \times 100
\end{aligned}
$$

2　利用"二位数 × 二位数的心算技巧"，对 21×39 进行心算。

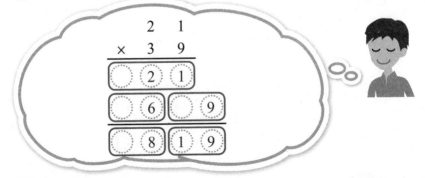

3 因为 819×100=81900，所以答案为 81900。

$$819 \times 100 = 81900$$

最后，针对其他普通的计算类型，以 12×13×17 为例进行
说明。

1 先调整 12×13×17 的形式，转换成二位数 × 二位数的形式。

$$12 \times 13 \times 17 = (4 \times 3) \times 13 \times 17$$
$$= (4 \times 13) \times (3 \times 17)$$
$$= 52 \times 51$$

2 利用"二位数 × 二位数的心算技巧"对 52×51 进行心算。将二位数
交叉相乘后再将其结果相加，得出的数填入横线下方第一排的空格中。
5×1+5×2=15 然后将个位上的数相乘，结果填入横线下方第二排右边
的空格中，注意数字挨着右边填写，2×1=2。将空格中最右边两个位数
上的数上下相加，得出的数即最终结果后两位上的数

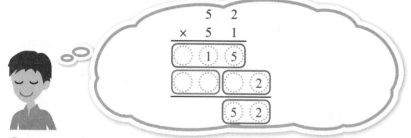

3 将十位上的数相乘（5×5=25），结果填如横线下方第二排左边的空格中，
再将数字上下相加，得出的数即最终结果前两位上的数。25+1=26

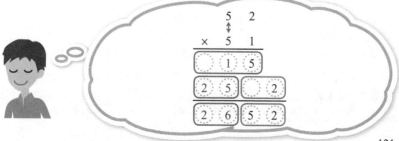

4 答案为 2652。

① 12 × 15 × 18

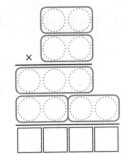

② 15 × 16 × 27

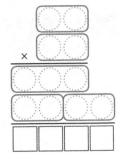

③ 24 × 30 × 85

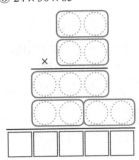

④ 32 × 45 × 65

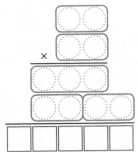

⑤ 12 × 14 × 16

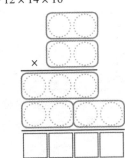

⑥ 13 × 18 × 21

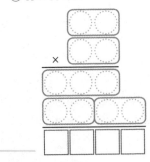

⑦ 12 × 17 × 19

⑧ 32 × 41 × 75

⑨ 14 × 35 × 51

⑩ 16 × 65 × 70

第 122 页答案

❶ 3240 ❷ 6480 ❸ 61200 ❹ 93600 ❺ 2688 ❻ 4914 ❼ 3876 ❽ 98400 ❾ 24990 ❿ 72800